现 代 科 普 博 览 丛 书

太空计划与海洋之谜

TAIKONG JIHUA YU HAIYANG ZHIMI

杨天华 编

黄河水利出版社

·郑州·

图书在版编目（CIP）数据

太空计划与海洋之谜/杨天华编.—郑州：黄河水利出版社,2016.12 （2021.8 重印）
（现代科普博览丛书）
ISBN 978-7-5509-1465-0

Ⅰ.①太… Ⅱ.①杨… Ⅲ.①空间探索-青少年读物 ②海洋-青少年读物 Ⅳ.① V11-49 ②P7-49

中国版本图书馆CIP数据核字（2016）第175294号

出版发行：黄河水利出版社
社　　址：河南省郑州市顺河路黄委会综合楼14层
电　　话：0371-66026940　　邮政编码：450003
网　　址：http://www.yrcp.com

印　　刷：三河市人民印务有限公司
开　　本：787mm×1092mm　　1/16
印　　张：8.75
字　　数：120千字
版　　次：2016年12月第1版　　2021年8月第3次印刷
定　　价：39.90元

目　录

一、海洋篇 ···001

海豚求医之谜 ·································001

中国南海的"魔鬼三角" ·····················003

无底洞之谜 ···································004

"幽灵岛"之谜 ································005

海底玻璃之谜 ·································006

噬人鲨不吃身边小鱼之谜 ·················007

鲨鱼的情爱 ···································009

香港海滨的吃人动物 ·····················010

深海动物的起源 ·····························012

海上光轮 ·····································013

死海之谜 ·····································015

海滨奇石 ·····································016

海鸟与人争战 ·······························017

鳌虾繁殖之谜 ·······························018

海豹干尸之谜 ·······························019

海底大胡子蠕虫 ·····························021

螃蟹岛奇观 ···································022

海岛巨龙之谜 ·······························024

海豆芽长寿之谜 ·····························026

海中自转小岛 ·······························027

海龟识途 ·····································028

海豚"语言"之谜 ···························028

海洋动物也要睡觉 ·························030

珍贵的珊瑚资源 ……………………………………031

珊瑚礁的形成 ………………………………………032

海底地貌 ……………………………………………033

太平洋名称的由来 …………………………………034

印度洋名称的由来 …………………………………035

大西洋名称的由来 …………………………………036

红海名称的由来 ……………………………………036

爱琴海名称的由来 …………………………………037

东非大裂谷之谜 ……………………………………038

拯救海浪 ……………………………………………039

费尔南德岛：海豚之岛 ……………………………040

涠洲岛 ………………………………………………042

海和洋的区分 ………………………………………042

海洋的形成 …………………………………………043

波 浪 ………………………………………………045

大陆架 ………………………………………………047

海 岛 ………………………………………………048

海上农牧场 …………………………………………049

海洋——矿物资源的聚宝盆 ………………………050

海洋探险 ……………………………………………052

海洋杀手——赤潮 …………………………………057

潮汐——海洋的呼吸 ………………………………058

海 岸 ………………………………………………060

太平洋海底火山 ……………………………………061

日本附近的海底火山 ………………………………062

夏威夷群岛海底火山 ………………………………063

新能源"可燃冰" ……………………………………064

造福人类的海洋资源卫星 …………………………065

二、 太空篇 ………………………………………**068**

"神六"上的筋斗云 …………………………………**068**

古籍中的天文秘密 …………………………………069

开普勒站在了第谷的肩膀上 ·················· 070

哥白尼引发了天文学革命 ·················· 071

布鲁诺被烧死 ·················· 072

发现光速 ·················· 073

伽利略受迫害 ·················· 074

苹果落地带来了大发现 ·················· 075

梦中发现的哈雷彗星周期 ·················· 077

哈雷和牛顿互相求教 ·················· 078

百年不遇的金星凌日 ·················· 079

发现小行星 ·················· 080

业余研究者发现天王星 ·················· 081

蟹状星云的发现 ·················· 082

小人物发现海王星 ·················· 083

惊天动地的通古斯大爆炸 ·················· 084

星系的发现 ·················· 085

照片中找到的冥王星 ·················· 086

蚕食同伴的杀星 ·················· 088

太阳耀斑陷害了布鲁克 ·················· 087

发现中子星 ·················· 089

谢尔顿观测到了超新星爆发 ·················· 090

2004年陨石撞击 ·················· 091

冥王星被行星"除名" ·················· 092

常州上空的流星雨 ·················· 093

吉林陨石雨 ·················· 094

宇宙大爆炸 ·················· 095

数十亿年前的火星生命 ·················· 096

月球最终会怎样走向毁灭 ·················· 097

消亡在黑洞内部 ·················· 098

捕捉第一代恒星的光芒 ·················· 099

富于探索精神的万户飞天 ·················· 100

因飞行事故而出现的宇航服 ·················· 101

曲折艰难的水星计划 ·················· 103

黑猩猩汉姆驾临太空 ·············· 104

加加林第一个访问太空 ·············· 105

人类第一次太空行走 ·············· 106

充满坎坷的上升2号返回之旅 ·············· 107

宇宙飞船在太空相会 ·············· 108

阿波罗试验灾难 ·············· 109

第一艘载人联盟号飞船遇难 ·············· 110

曙光号载人飞船的夭折 ·············· 111

生物卫星上的失重试验 ·············· 112

中国发射第一个通信卫星 ·············· 113

第一位太空行走的女性 ·············· 114

挑战者号失事 ·············· 115

即将退休的"哈勃" ·············· 116

宇航员徒手活捉卫星 ·············· 117

俄罗斯人的太空镜 ·············· 118

多国合作创建国际空间站 ·············· 119

在空间站做试验 ·············· 120

精神疲惫造成和平号事故重重 ·············· 121

险些失控的神舟一号飞船 ·············· 122

和平号空间站坠落 ·············· 123

首位太空游客 ·············· 124

神舟三号延期发射 ·············· 125

低温下发射神舟四号 ·············· 126

神舟五号太空游 ·············· 127

神舟六号变轨飞行 ·············· 128

首次太空漫步的中国人 ·············· 129

神舟八号与天宫一号对接 ·············· 131

一、海洋篇

海豚求医之谜

一艘名叫"阿达马托夫"号的拖网冷藏渔船在海上捕鱼时,遇到了一则真实而动人的故事。

一天,当渔船工作已告结束时,渔民们便忙着做返航的准备,有的清洗甲板,有的收拾网具,还有几个水手驾着小艇为渔船洗刷船壳。

小艇上的渔民们正在紧张地工作。突然,一声喊叫把他们惊住了:

"看,海豚,一只海豚!"

人们不以为然地向喊叫的水手所指的方向看去,心想,一只海豚有什么大惊小怪的!然而这只海豚的确有点特别,显得十分不寻常,因而吸引了大伙儿的注意力。只见这只小小的海豚,歪斜着身体,正艰难地、缓慢地向小艇方向游来。

"奇怪,这只海豚干吗歪着身体游水?"一个渔民好奇地嘟哝着。

"你们看,它好像在流血,它一定是受了伤。"一个眼力十分敏锐的渔民嚷了起来。

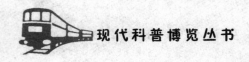

这句话,引起大伙儿的好奇,便七嘴八舌地议论开了:它为什么会流血呢?它是被鲨鱼咬伤的吗?甚至有人开玩笑地说,它好像是来求医的呢!

"什么?海豚求医?那真是千古奇闻啦!"

渔民们谈着谈着,海豚出人意料地向小艇接近了。人们清楚地看到,它身上有一条明显的伤口和鲨鱼的齿痕,伤口处的确在不停地流着血。

瞧着小海豚被鲨鱼咬成这个样子,人们不禁起了怜悯之心。但又有什么办法呢?总不能把它捞起来,给它包扎伤口,打针吃药吧!要是真的去捞它,它准会逃之夭夭的。

可是,谁也没有想到,这只受伤的小海豚,竟然不惧怕地径直朝小艇游来,而且就在小艇船舷旁边纵身一跃。

"怎么?难道它真想要到小艇上来求医?"小海豚的这一举动,使人们不得不产生这样不可思议的想法。

但是很遗憾,小海豚没有达到"目的,"它没能跳到小艇里来。

正当人们替它惋惜的时候,小海豚又跳跃起来。看样子,它真的是要到小艇里来求医哩!因为它失血过多,身体太虚弱,实在支持不住了。

见到这种情景,渔民们明白了:他们确信小海豚是想要到小艇里来才一再跳跃的。可惜仍然没有成功,于是,大伙儿商量着把它救上来。

当渔民们正在讨论用什么法子来挽救这只可怜的小海豚时,小海豚又开始第三次跳跃了。人们急中生智,迅速伸出友谊的手去帮助它。小海豚似乎领会了人们的好意,游近一只只伸向大海的手臂。不一会,这只180多公斤重的白海豚便被拉上了小艇,又很快被送上"阿达马托夫"号渔轮的甲板上。

人们闻讯而来,集在甲板上兴致勃勃地"欢迎"这位来自海洋里的"客人",都为它那流血的伤口而难过。

可是光难过有什么用呢?得想法子救救它才好呀!医生一面这样想,一面拿来各种医疗器械,真的要为"小客人"进行医治。这位医生十分认真地给小海豚注射止血剂,又给它轻轻地擦洗流血的伤口。为了不使海豚的皮肤离水后干裂,医生吩咐不断给它身上浇水。然后又动手用长线缝合伤口,足足忙了一个半钟头。在这段治疗期间,小海豚竟然一动不动地躺着,和医生配合得非常密切,周围的观众无不惊叹,都为小海豚的伤口得到医治而高兴。

手术做完了,船长吩咐将小客人小心地抬到船尾滑道上,让它缓缓地滑入大海。

小海豚绕着"阿马托夫"号兜游了几圈,便离船远去,消失在蔚蓝色的波涛中。

中国南海的"魔鬼三角"

1979年5月中旬的一天,阳光灿烂,清风徐吹,一艘菲律宾货轮"海松"号正开足马力,由中国南海向马尼拉方向驶去……与此同时,马尼拉南港"海岸防卫队"的无线电接收机突然收到一个紧急呼救信号:"海松"号在台湾以南、吕宋岛以北海域遇难。信号来得是那样突然,又消失得那样急促,甚至来不及报告遇难原因和当时的情况。搜寻小组火速赶往出事海域,经多方搜寻,非但25名船员踪迹全无,就连上千吨重的货轮也没有留下半点残迹。

7个月后的12月16日,在"海松"号发出最后求救信号的海面上,由菲律宾马尼拉驶往台湾的"安吉陵明"号货轮又失踪了。

1980年2月16日,距"安吉陵明"号遇难正好两个月,灾难又

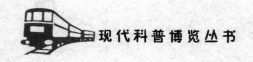

一次发生了。东方航运公司的"东方明尼空"号货轮在行驶到香港与马尼拉之间时,与陆地控制室的通信联络突然中断……

不到10个月的时间,三艘货轮在同一海域神秘失踪,引起了人们极大的恐慌。人们惊奇地发现,这片西起香港,东到台湾,南至菲律宾吕宋岛,面积约10万平方千米的海域的位置,恰好与举世闻名的"百慕大魔鬼三角区"的位置遥遥相对,于是,中国南海"魔鬼三角"的称谓不胫而走。中国南海"魔鬼三角"与百慕大三角有许多相似之处。首先,这两个三角形海域都是世界上最危险的海域,至今已有大量船只和飞机在这两个海域神秘失踪,而且均未留下任何痕迹,无法确定失踪的原因。其次,这两个海域都呈三角形。第三,这两个海域都位于大陆的东方,海底地形复杂,海水极深,洋流强劲,经常出现巨浪、海啸、漩涡、台风等恶劣情况。第四,这两个海域都是"无偏差线"通过的地方。"无偏差线"是看不到的,而且经常移动,直接影响地球磁场。

无底洞之谜

地球上是否真的存在"无底洞"?按说地球是圆的,由地壳、地幔和地核三层组成,真正的"无底洞"是不存在的,我们所看到的各种山洞、裂口、裂缝,甚至火山口,也都只是地壳浅部的一种形态。

事实上地球上确实有这样一个"无底洞"。它位于希腊亚各斯古城的海滨。由于濒临大海,在涨潮时,汹涌的海水便会排山倒海般地涌入洞中。据测,每天流入洞内的海水量达3000万千克。奇怪的是,如此大量的海水灌入洞中,却从来没有把洞灌满。有人怀疑它有一个出口。然而从20世纪30年代以来,人们做了许多努力,企图寻找它的出口,却都是枉费心机。

为了揭开其中的秘密,1958年美国地理学会派出一支考察队,他们把一种颜色经久不变的深色颜料溶解在海水里。这种颜料随海水灌入"无底洞"中。接着他们又查看了附近海面以及岛屿上的河流、湖泊,满怀希望地去寻找这种带颜色的海水,可结果令他们非常失望。难道是海水量太大把颜料稀释得太淡,以致人们无法发现?

几年后美国人又进行了一种新的试验,他们制造了一种浅玫瑰色的塑料小颗粒。这是一种比水略轻,能浮在水上不沉底,又不会被水溶解的塑料粒子。试验者把130千克重的这种肩负特殊使命的物质,统统掷入到打旋的海水里。片刻功夫,这些小塑料粒就像一个整体,全部被无底洞吞没。试验者想,只要有一粒在别的地方冒出来,就可以找到"无底洞"的出口了。然而他们在各地水域整整搜寻了一年多时间,仍一无所获。

至今谁也不知道为什么这里的海水没完没了地"漏"下去。每天大量的海水究竟都流到哪里去了呢?

"幽灵岛"之谜

这里所说的"幽灵岛",指的是海洋中形迹诡秘、忽隐忽现的岛屿,而并非是那种热带河流上常见的,由于涨水或暴风雨冲走部分河岸或沼泽地而形成的漂浮岛。

1707年,英国船长朱丽叶斯在斯匹次培根群岛以北的地平线上发现了陆地,但他的船总是无法接近这块陆地,他完全相信,这不是错觉,便将"陆地"标在了海图上。过了近200年,海军上将玛卡洛夫率领的考察队乘"叶尔玛克"号破冰船去北极,考察队员

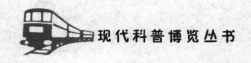

们再次发现了朱丽叶斯当年所见到的陆地。1925年航海家沃尔斯列依也在这一地区发现过这块飘忽不定的"陆地"。可是1928年,当一些科学家前去考察时,却没有发现任何岛屿的存在。

类似的事情在地中海也发生过。那是1831年7月10日,一艘意大利船途经地中海西西里岛西南方的海面,船员们目睹了一个突现的奇观:海面上涌起一股20多米高的水柱,转眼间变成一团烟雾弥漫的蒸汽,升到近600米的高空。8天以后,当这艘船返回时,发现这儿出现了一个冒烟的小岛,四周海水中布满了多孔的红褐色浮石和数不胜数的死鱼。这个在浓烟和沸水中诞生的小岛在以后的10多天里不断地伸展扩张,由4米长到60多米高,周长也扩展到4.8千米。由于这个小岛诞生在航运繁忙、地理位置重要的突尼斯海峡里,因此很快就引起了各国的注意,并派人前往考察。可是没多久,这个岛就开始缩小,仅三个月便隐入了水底。但它并未真正消失,在以后的岁月,它又多次出现,直到1950年,它还出现过一次。于是它就成了名副其实的"幽灵岛"。

对"幽灵岛"的形成原因,科学家们十分感兴趣,然而现有的理论,无法圆满解释其形成和消失的原因,人们只能做出这样或那样的推测。

海 底 玻 璃 之 谜

我们每天都要与各种各样的玻璃制品打交道,如玻璃杯、玻璃灯管、玻璃窗户,等等。普通的玻璃,以花岗岩风化而成的硅砂为原料,在高温下熔化,经过成型、冷却后便成为我们所需要的玻璃制品了。

然而,在很难找到花岗岩的大西洋深海海底,居然也发现了许多体型巨大的玻璃块,这真是一件非常奇怪的事。

为了解开这个海底玻璃之谜,英国曼彻斯特大学的科学家们进行了多方面的分析和研究。

首先,这些玻璃块不可能是人工制造以后扔到深海里去的,因为它们的体型巨大,远非人工所能制造。

有些学者认为,这种玻璃的形成,有可能是海底玄武岩受到高压后,同海水中的某些物质发生一种未知的作用,生成了某种胶凝体,从而最终演变为玻璃。如果属实,今后的玻璃生产就可以大大改观了。现在我们制造一块最普通的玻璃,都需要1400~1500摄氏度的高温,而熔化炉所用的耐火材料受到高温玻璃溶液的剧烈侵蚀后,产生有害气体,影响工人的健康。假如能用高压代替高温,将会彻底改变这种状况。

出于这个设想,有些化学家把发现海底玻璃地区的深海底的花岗岩放在实验室的海水匣里,加压至400个大气压力,结果是根本没有形成什么玻璃。那么,奇怪的海底玻璃到底是怎样形成的呢?迄今仍然是一个未能解开的自然之谜。

噬人鲨不吃身边小鱼之谜

噬人鲨也许是鱼类中最凶猛残暴的了。因为它皮肤色白,最爱向人发起攻击,不少沿海地区的居民都称它是"白色死神"。噬人鲨个头很大,体长一般为7~8米,也有长达12米的。它的牙齿很特殊,属于多出性牙系,假如咬碎坚硬的东西时将牙齿折断了,会长出新牙来,如果再一次折断,还会再一次长出,一生中可以6次长出新牙。还有,它的牙齿有好几排,最多的可以达到7排。这

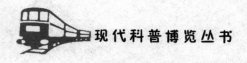

些牙齿不仅非常锐利,而且多达1.5万颗!

噬人鲨能在海中称霸,还在于它有一个功能极佳的肚子。它不需要每天吃东西,经常是三四天才饱餐一顿。这是由于噬人鲨的腹内有一个像胃似的"袋子",这就是它的食物贮藏室。如果它吃饱之后又遇上一只海豚,它绝不会因为肚子已饱而将海豚放走,它会毫不犹豫地把这大家伙吞下肚,贮存在"袋子"里,当它饿了的时候,再把海豚转移到胃里。"袋子"里可贮存三四十条一斤多重的鱼,十几天甚至一个月都不会坏。噬人鲨生性贪婪,当它肚子很饿而"袋子"里又没有库存的时候,会在游过的路上把遇到的东西统统吞下。所以,噬人鲨的"袋子"就像个杂货店,里面什么都有,玻璃瓶、皮鞋、罐头盒等等,应有尽有。这种饥不择食的习性有时会使它们送命。例如,有一艘军舰发出了一枚深水定时炸弹,这枚炸弹刚刚扔下海,突然蹿过来一条噬人鲨将炸弹吞进肚里,不一会儿,水下响起了轰隆声,炸弹在噬人鲨肚子里爆炸了。

在噬人鲨的生活中还有一个奇特的现象,当它在水里游动时,身边经常有许多小鱼,像是它的侍从。这是一些身上有条带状纹的鱼。过去有些科学家认为,这些小鱼跟随噬人鲨是为了吃它剩下的残渣。但后来发现,这些鱼都是自己单独找东西吃的。原来,小鱼们伴随着噬人鲨,既不是充当侍队,也不是等着吃残渣剩饭,而是借着主人的威风来躲避其他敌害的袭击。然而奇怪的是,噬人鲨生性贪婪残暴,但它对身边的小鱼却很友好,经常形影相随,无论它怎样饥饿都不去吃这些小鱼。噬人鲨为什么不吃身边的小鱼? 这是一个仍然未能解开的自然之谜。

鲨鱼的情爱

这是一件奇闻,也是一个真实的故事。事情发生在夏威夷群岛附近海域。一艘渔船拖着沉重的渔网缓缓地行进着。在海上辛苦了几天的渔民,看着那满网的鱼儿,个个喜上眉梢。

"快看,来了几条好大的鲨鱼!"一个渔民忽然大声喊道。

船上的人都把目光转向船后的海面。只见几条银灰色的大鲨鱼迅速游近渔船,一会儿冲到船的前方,一会儿又紧跟在船的后面。渔民们大惑不解,这是怎么回事呢?

滑道上的绳索拉着沉重的曳网,发出吱吱的响声。突然,有两条大鲨鱼发疯似的朝曳网扑了过来,用那锯齿般的大牙死死咬住曳网不放。这种鲨鱼向渔船曳网进攻的情况,在过去是闻所未闻的。一瞬间,网被鲨鱼咬破了,网里的鱼儿就像流水一样,一股一股地向外流出,回到碧蓝的大海中。鲨鱼继续向曳网发动攻击,这情景使渔民们看得目瞪口呆。

渔民们赶快开动绞车,将渔网匆匆拉上船。可奇怪的是,这几条鲨鱼根本不去理睬那些漂浮在海面上的鱼,而是仍旧死死地跟着渔船:人们这才意识到,这几条鲨鱼根本不是为了觅食充饥,才紧跟渔船的。那么,它们究竟是为了什么呢?

这时,有人发现曳网中有3条小鲨鱼,其中一条已被压死,另外两条还在动弹。几个渔民想了一下,便将两条活着的小鲨鱼顺着滑道推进大海。随着小鲨鱼入水的涟漪,海面上出现了一幅动人的情景:鲨鱼们在两条小鲨鱼的周围跳跃翻滚,用鱼鳍和身躯互相碰撞,有的用鼻子彼此顶来顶去,还有的用尾巴打水嬉戏……看着这幅罕见的海水奇景,渔民们感叹不已:这些残忍的海上凶神竟然也有动情之时啊!几分钟后,几条大鲨鱼带着小鲨鱼离

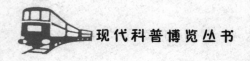

开了渔船,向远处游去。

然而,故事到此并未完结。有人发现还有一条大鲨鱼仍紧紧跟在渔船后面。它那富有弹性的身躯有一半露在水面,两眼死死盯着船上的渔民,从它的目光中,人们感到有一种忧愁和乞求的神情,仿佛它在期待着什么。

这情景,使渔民们动了恻隐之心,他们来到网前,将那条死去的小鲨鱼翻出来,扔进大海。这时,只见大鲨鱼转动了一下身躯,朝小鲨鱼迅速扑去,然后用嘴推着小鲨鱼,向远处游去。这些鲨鱼的不寻常的举动,给耳闻目睹这一事实的人们留下了一连串的疑问。是不是由于3条小鲨鱼被捕获,才引起几条大鲨鱼对渔船的跟踪?大鲨鱼将曳网咬破,是为了救出小鲨鱼吗?为什么当两条小鲨鱼回到大海时,会出现鲨鱼们的异常活跃的场面?那条离开自己的伙伴继续紧跟渔船的大鲨鱼,是不是死去小鲨鱼的母亲呢?还有,难道像鲨鱼这种凶猛的"海中霸王"也有"友爱观念"和"慈母之心"吗?

看来,这些疑谜一时是无法解答的。但不管怎样,鲨鱼的行为向我们说明,人类对它们的了解得还不够。

香港海滨的吃人动物

1979年夏天,在香港海滨发生了一件惨案:三位青年在海里游泳,正当他们准备往岸边游时,游在后面的那位青年突然被一种凶猛的动物拖入海底。这不幸的人连喊一声都来不及,他的两个同伴只看见从海中冒起一股股殷红的鲜血……

惨案发生后,人们在惊吓之余,发出了各种议论。是什么动物竟然如此凶残呢?大部分人认为这是鲨鱼所为,但是也有人提出是海中恶魔马来鳄干的，因为在华南沿海曾有过鳄鱼吃人的传说。

马来鳄是鳄类中体型最大的，它一般栖居在热带海区，常长期在海上漂游。它的皮肤很厚，能够阻止海水中盐分的渗透，眼睛和肾脏也有排除盐分的功能，因而十分适宜于在海洋里生活。它主要是在沿海活动，有时也随着海潮进入内陆河流中。东南亚热带沿海的居民，都知道马来鳄的厉害。

它性情残暴，嗜杀成性，连凶猛的老虎也怕它几分。它不仅袭击游鱼、走兽、飞鸟，还不时袭击人类。水上作业的渔民和河边洗衣的妇女，不小心就会被它拖下水中吃掉；袭击游泳的人、畜则更不鲜见了。

其实，在我国华南沿海，包括香港一带海区，曾是马来鳄的重要栖息地。在广东的潮州，唐朝时马来鳄危害严重，伤害了许多人，家畜几乎被吃光，老百姓无法生产，生活穷困。为此，当时任潮州刺史的大文学家韩愈，派人往水中投了一只猪、一只羊以祭鳄鱼，还写了《祭鳄鱼文》，要鳄鱼们七天之内"南徙于海"，否则就要将它们"尽杀乃止"。韩愈的这篇文章写得很出色，但是鳄鱼还是继续作恶。到了元、明、清时期，在两广、福建、海南、台湾等省区，有关马来鳄的记载仍然很多：例如清朝光绪三十三年(1907年)四月初，广东水师提督李准乘船巡视南海，见一条大鳄鱼游到船边，长约丈余，它急于吃人，便从船边舷梯爬上船来，凶恶地冲向一名士兵，把一名持枪的士兵吓呆了，李准迅速夺下士兵手中的枪，向鳄鱼开了两枪，将其击伤，鳄鱼翻入海中，沉入水底。此事在李准写的《巡海记》中有详细记载。

由此可见，从西汉到明清，马来鳄曾在我国华南沿海一带栖息过两千多年。后来气候条件变迁，迫使马来鳄将其栖息地逐渐南移，终于不再在我国沿海安家了。不过，20世纪初，马来鳄在我

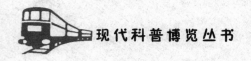

国华南沿海还偶有出现,1921年就曾在香港海面捕获过一条。马来鳄游到香港附近海面来觅食,则是完全可能的事。因此,对于香港海滨那件海中动物吃人的惨案,将马来鳄列为可能的"案犯"之一,是完全有道理的。至于那位不幸的青年究竟是被马来鳄吃掉的,还是被鲨鱼吃掉的,因无法查证,也就成了一个永远也无法解开的谜。

深海动物的起源

人们一般把深度超过200米的水域称为深海。在海洋中,太阳光只能达到100米的深度,因而深海是一片黑暗的世界。由于海水的压力随着深度而增加,深度越大,海水的压力也越大,在4000米深的海底,一个成年人所承受的压力,大约相当于20个火车头压在身上。经深海调查得知,深海区的温度终年不变,一般在0℃左右,水不大流动,水中氧气很少,加上没有阳光照射,光合作用无法进行,因而深海里没有植物。然而,令人难以置信的是,在如此恶劣的深海环境中,却生活着许许多多深海动物,其种类可以说是难以计数。就鱼类来说,有巨尾鱼、后肛鱼、巨喉鱼、叉齿鱼、锯颌鱼、皮条鱼、黑鲸犀鱼、树须鱼、固灯鱼、鞭吻鱼、须鳂鱼、狮子鱼,等等。有的动物不能在淡水中生存,却能在深海里成长,主要的种类有海胆、海星、海花(海百合)、海参,等等。此外,深海底还生活着红螺、蚌、巨形蠕虫、虾、蟹、海蜘蛛以及4000多种苔藓动物。

这些深海动物是从何处起源的呢?这在目前仍然是一个未解之谜。

有的学者认为,深海动物起源于深海之中。远在几亿年以前,最古老最原始的动物是栖息于水深超过千米的深海之中的。其理由是,人们曾用拖网从那里得到了被称作是动物发展史上"失踪的环节"和仅仅从化石中才了解到的绝迹动物。例如有10个从3540米深海底捕获的活标本——铠甲虾和新帽贝,可以说是与3.5亿年前就已灭绝的古蜗牛和帽贝同是一家。另外,在那里还存在着动物界中特殊的新纲动物——海洋拟蠕虫。这足以说明深海动物的古老性。

有的学者认为,深海动物起源于海水的表层动物或海滨的动物。后来,它们主要通过两条途径迁移到深海定居下来:一条途径是从海面经所有的水层,也就是从光照层到弱光层再到无光层,抵达深海;另一条途径是沿着海底大陆架—大陆斜坡—深海,迁移下去的。现已证明,深海底栖鱼类最早是生活在大陆架的浅海底栖鱼类,后来它们沿着大陆斜坡逐渐向深海底分布过去,慢慢适应了深海生活。

也有人认为,所有的深海动物以及淡水动物都起源于浅海。而淡水动物比深海动物要古老,说明浅海动物先向陆地淡水区域迁移,然后向深海迁移。

还有一种观点认为,大多数深海动物可能来自北极海域或南极海域,因为它们都有适应低温生活的特征。

总之,对于这个自然之谜的解释和推测是各种各样的,目前很多学者仍在积极探讨之中。

海 上 光 轮

海洋,这个奇妙的世界,自古以来就流传着许多神秘的故事。在科学技术高度发展的今天,人们已经揭开了许多海洋的奥秘,但这仅仅是人类向海洋进军的第一步,还有许多问题等待人们去解答:神秘的"海上光轮"之谜就是其中之一。

1880年5月的一个黑夜里,"帕特纳"号轮船正在波斯湾海面上航行。突然,船的两侧各出现了一个直径500～600米的圆形光轮。这两个奇怪的"海上光轮"在海面之上围绕着自己的中心旋转着,几乎擦到了船边。它们跟随着轮船前进,大约20分钟之后才消失。美国作家查尔斯·福特一生都在收集这类难以解释的怪事。他曾多次列举了这种奇怪的"海上光轮"现象。

1884年,在英国某协会举行的一次会议上,有人曾宣读了一艘船只的航行报告。报告中讲到了两个"海上光轮"向着该船旋转而来,当它们靠近该船时,船只的桅杆倒了,随后又散发出一股强烈的硫黄气味。当时,船员们把这种奇怪的光轮叫作"燃烧着的砂轮"。

1909年6月10日夜间2点钟,一艘丹麦汽船正航行在马六甲海峡中。突然间,船长宾坦看到了海面上出现了一个奇怪的现象:一个几乎与海面相接的圆形光轮在空中旋转着。宾坦被惊得目瞪口呆。过了好一会儿,光轮才消失。

1910年8月12日夜里,荷兰"瓦伦廷"号轮船船长布雷耶在南中国海航行时,也看到了一个"海上光轮"在海面上飞速地旋转着。与上面所提到的"海上光轮"不同的是,该船船员在光轮出现期间,都有一种不舒服的感觉。

有趣的是,"海上光轮"大都出现在印度洋或印度洋的邻近海域,其他海域很少发生。

如何解释这种奇怪的现象呢?人们做了种种推论和假设。有人认为,航船的桅杆、吊索、电缆等的结合可能会产生旋转的光圈;海洋浮游生物也会引起美丽的海发光;有时,两组海浪的相互干扰会使发光的海洋浮游生物产生一种运动,这也可能造成旋转的光圈……但遗憾的是,上述种种假设,似乎都不能令人满意地解释那些并不是在海水表面,而是在海平面之上的空中所出现的"海上光轮"现象。

于是,又有人猜测,"海上光轮"也许是球形闪电的电击引起的现象,也有可能是其他某种物理现象所造成的。但这也只是猜测,谁也不能加以证实。

神秘的"海上光轮"至今还是个谜。目前,人们对这种变幻莫测的"海上光轮"了解得还很少,需要海洋科学工作者做大量的调查工作,收集更多的资料,以便早日揭开这个谜。

死海之谜

死海不是海,而是一个内陆湖,它位于巴勒斯坦和约旦之间的裂谷中,湖面比海平面低392米,是世界上陆地最低的地方。在希伯来语中,死海被称为"盐海"。这是因为湖水中含盐度为22%,是一般海水盐度七八倍,是世界上含盐分最多的一个水域。

在这样高盐度的湖水中,不仅没有鱼虾,甚至连四周岸边都没有任何植物能生存。由于水的密度大,游人们可以像躺在床上一样舒适地仰卧在水面上。

长期以来,在死海的命运问题上,一直存在着两种截然不同的观点:一种认为,死海在日趋干涸,不久的将来,死海将不复存在;另一种观点则认为,死海并非是没有生命的死水,它的前途无量,是未来的世界大洋。

持前一种观点的人认为,在几千年漫长的岁月中,死海日复一日,年复一年地不断蒸发浓缩,湖水越来越少,盐度越来越高。加上那里终年少雨,夏季气温高达50℃以上。唯一向它供水的约

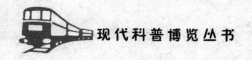

旦河,还要被用于灌溉,所以它面临着水源枯竭的危险。1976年,死海水位迅速下降,其南部开始干涸。以色列曾想用"输血"的方式——打通死海与地中海来挽救死海,但地中海本身的平衡也很脆弱,亦有人不敷出之忧。所以,从长远看,死海似乎只有死路一条了。

持后一种观点的人则认为,死海位于著名的叙利亚—非洲大断裂带的最低处,这个大断裂带还处于幼年时期,终有一天,死海底部会产生裂缝,从地壳深处冒出海水,而随着裂缝的不断扩大,会生长出一个新的海洋。这一观点的有力佐证是,与死海处于同一构造带上的红海,其海底已发现了一条深2 800米的大裂缝,并且在缓慢发展,从地壳深处正不断地冒出水来。

20世纪80年代初,人们又发现死海之水正不断变红,科学家们经过分析,发现其中正迅速繁衍着一种红色的小生命——"盐菌"。其数量十分惊人,每立方厘米湖水中含有2000亿个盐菌。此外,人们发现死海中还有一种单细胞藻类植物。看来,死海已名不符实了。

海滨奇石

东山岛位于福建省东南部,古称铜山,是著名的海滨风景区。东山岛的闻名,除美丽的热带海滨风光外,还因为岛上有一块奇石——风动石,它被誉为"天下第一奇石"。

风动石,危立于铜山古城东门海滨。石高4.73米,宽4.57米,长4.69米,重200多吨,外形像一只雄兔,斜立于一块卧地盘石上,两石吻合点仅有几厘米见方。当海风从台湾海峡吹来的时候,强劲的风流会使风动石微微晃动,让人觉得其岌岌可危,可风停后,风动石也随之平稳如初了。

风动石不仅在风的吹拂下会摇晃，人力也能使其晃动。如果找来瓦片置于石下，选择适当的位置，一个人就能把这硕大的奇石轻轻摇动起来。此时，瓦片"咯咯"作响，顷刻间化为齑粉，奇石摇动的轨迹清晰可见。

1918年2月13日，东山岛发生7.5级地震，山石滚落，屋倒人亡，可风动石却安然无恙。

"七七事变"后，日军企图搬走风动石，日舰"太和丸"用钢丝索系于风动石上，开足马力，可多条钢丝索被拉断了，风动石却纹丝未动，最后日军只得放弃这一企图。

风动石历经沧桑，依然斜立如故。

海鸟与人争战

信天翁是一种最大的海鸟，双翅展开可达1.5米以上。它的性情勇猛，爱吃鱼虾和贝类。人们可不能小看了这种海鸟，在它们身上还蕴藏着与人抗争的力量哩！

那是在第二次世界大战期间，美国海军准备在太平洋zz一个荒凉的小岛上建立情报基地。一天晚上，美军派出一个侦察小组悄悄地登上小岛。谁知岛上住着的数以万计的信天翁，被闯入的不速之客所惊动，它们立即排成阵势，狂叫着一齐向海边冲过来，硬是把登岛的美军侦察兵一个个地挤下海去，登岛终告失败。

美军不甘罢休，决定第二天再次登岛。可这一次美军尚未靠岸，满天的信天翁便从空中俯冲而下，有的用嘴啄，有的用翅膀打，有的用爪抓，一齐向侦察兵展开猛攻，弄得这些美国侦察兵手足无措，败下阵来，第二次登岛又告失败。

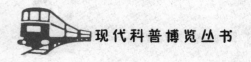

为了迅速占领这个小岛,美军司令部如临大敌般拟定了两个向信天翁开战的方案。于是,海岛上一场奇特的"人鸟之战"开始了。

美军首先派出飞机对小岛上的信天翁进行轰炸,无数的信天翁被炸死。紧接着步兵与战车迅速登陆,但由于鸟尸成山,难以开进。更出人意料的是飞机的轰炸不仅吓不跑这些海鸟,相反却激怒了附近几个小岛上的信天翁。它们一批又一批地飞到这个小岛上来与人搏斗。美军毫无办法,被迫使用毒气。经过一场毒气战后,岛上鸟尸遍地。美军只好调来推土机把鸟尸推下大海。

美军费了九牛二虎之力,终于在这个小岛上修起了飞机场和公路。然而,这场"人鸟之战"并未结束,信天翁这个"顽敌"还时常落满整个跑道,影响飞机的起飞和降落,甚至有的海鸟会舍身撞击飞行中的飞机,使飞机坠毁。据说直到第二次世界大战结束,岛上美军与海鸟之战从未停息,真可谓是"持久战"了。

这场罕见的人与海鸟之战,曾引起了世界上许多科学家的兴趣,进行了长时间的观察和研究。信天翁为什么会这样舍生拼死地保护自己的家园和援助自己的同类呢?是谁在领导和指挥它们进行这一场持久的战争?它们为什么会视死如归和面对强敌毫不畏惧?诸如此类的许多问题,仍未能找到令人信服的答案,成了困惑人们的难解之谜。

螯 虾 繁 殖 之 谜

虾类中最好吃的要数螯虾了。螯虾产自大海,形状与产自淡水河水中的螯虾(俗称蛄)相似,但要比蛄大得多,最大的可有半米长,11千克重。这种海产螯虾不仅个大,而且肉多,味道十分鲜美;而淡水产的蛄,个很小,没有多少肉,也不大好吃。在法国,海产螯虾肉是一种价钱昂贵的上等食品。每个法国渔民出海时,都希望能捕到几只螯虾,不过这个愿望一般很少能实现,特别是近些年来,捕到螯虾的机会就更少了。

可是不久前,在法国一个名叫阿弗尔的油港突然出现了许多螯虾,这消息成了当地轰动一时的新闻。人们对此感到迷惑不解,不少科学工作者赶去观察研究。一些人认为,这是因为勒阿弗尔油港为超级油轮停泊而挖掘了一个面积为3.5万平方米的海区引起的,这个新挖掘的海区特别适合螯虾生存繁衍,把附近海区的螯虾都引来了。还有人建议,在这个油港的中心水域再挖一个更大的海区,以供螯虾大量繁殖,使更多的人都能尝到这种珍肴美味。但是,人们在这个海区并没有发现更有利于螯虾生存的条件,相反由于海水遭到石油污染,更不利于螯虾生存。因此,这一说法被人们否定了。还有一些人认为,由于挖掘了海底,导致海底的生态平衡遭到破坏,其他生物不能适应环境而大量死亡,螯虾却能适应这种环境,繁殖大大增加。这一说法也缺乏科学根据。实际上,生态平衡的健康的海区更适合螯虾繁衍生息。另一部分人则猜测,也许轻微的石油污染有利于螯虾的生活,因而大量繁殖起来。总之是说法纷纭,尚无定论。

后来,法国诺曼底大学拨出了一笔巨款,对这一海洋生物奇观进行研究,但尚未揭开这一自然之谜。

海豹干尸之谜

在南极洲沿海,有一些深深的峡谷,终年没有冰雪覆盖,裸露着大片的岩石。这些峡谷降雪量极少,气候异常干燥,因而叫作

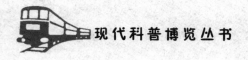

干谷。

在这些干谷里,存在着许多奇特的自然现象,其中之一是发现了大量海豹的干尸。

这些在离海岸60千米的干谷里发现的海豹干尸,有食蟹海豹和威德尔海豹两种。干尸的体长多为1米左右,属于幼年海豹。由于气候寒冷且异常干燥,尸体保存完整,一点也没有腐烂。海豹一般只在紧靠海边的陆地上活动,特别是食蟹海豹一般只栖息在远洋,它们怎么会死在离海岸远达60千米的地方呢?这真是件非常奇怪的事。

科学家们对这些海豹干尸的来由做了种种推测:一种是"古海论",认为古代这些地区曾是大海,后来海平面降低,海水退下时海豹未能随着逃走,死在了这里。这种论点受到了地理学家的反驳,因为在这个地区并没有发现古海区的地形遗迹。另一种是"海啸论",认为在数百或数千年前,这里曾发生过大海啸,幼小的海豹因体重轻,被大海波涛抛进了干谷。第三种是"海豹迷向论",这一部分科学家认为,海豹具有爬到岩石上晒太阳的习性,这些海豹是在爬上岸晒太阳时,迷失方向,进了干谷深处而死在这里的。大多数科学家认为后一种论点也许有点道理,但它只不过是一种推测,并没有得到证实,实际情况如何,仍是一个待解之谜。

另外,这些海豹是什么时候死的,也没有搞清楚。科学家们用放射性碳素测年法,对这些海豹干尸进行年代测定,发现它们已存在1210年左右。但是,当科学家们对南极地区的活海豹用同样的方法进行测定时,也出现了数百年的数值。所以,这些海豹干尸形成的确切年代,仍然是个待解之谜。

海底大胡子蠕虫

1979年冬天,美国一支海洋考察队在太平洋加拉帕戈斯群岛附近水深2500米的一处海底温泉口处,发现了一种新的须腕动物——科学家们暂时称它为"大胡子蠕虫"。这是人们从未见过的一种神秘生物。它的躯体全长2米多,没有嘴、眼睛和消化器官,只有神经系统,全身呈粉红色。

大胡子蠕虫为什么能终年在不见阳光的海底生活?它以什么为食?这是科学家们很感兴趣的研究课题。

生物学家们认为,大胡子蠕虫不可能获得海洋表面那些依靠太阳能在光合作用过程中形成的碳水化合物。那么,这种蠕虫的能量供给者又是谁呢?经过科学家们的长期研究,初步了解到,这种蠕虫是从生活在自己体内的细菌身上获得能量的。原来,细菌和大胡子蠕虫处于共生状态。这种细菌具有特殊的本领,为了报答蠕虫主子所给的居住之恩,就不断地给蠕虫供应食物,它利用溶解在海水中的二氧化碳和海底温泉水里含有的硫化物进行化学合成,形成碳水化合物,供蠕虫吸收。

要完成这种合成作用,必须依靠一种重要的物质——酶。加利福尼亚大学有3位生物学家经过研究,发现大胡子蠕虫体内的细菌能够制造这种酶。这样,科学家们就初步揭开了大胡子蠕虫为什么能在永久黑暗的海底生活的这一自然之谜。

但是,大胡子蠕虫身上还有一些谜没有被揭开。例如,大胡子蠕虫为什么能和细菌共生?科学家们仍然没有搞清楚。又如,大胡子蠕虫是所有生物中寿命最长的生物之一,所谓2米多长的蠕虫,实际上是指它自己建造的供居住的管子的长度,据生物学家分析,蠕虫建造这种管形住宅的速度很慢,哪怕是1毫米长也需

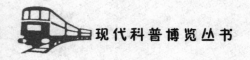

要250年,如果建造75厘米长的管子,就需要18万年以上,要建造2米多长需要多少万年就显而易见了。大胡子蠕虫为什么会有如此长的寿命?这个研究课题就更加神秘和更加有意义了。但是,科学家们仍未能解开大胡子蠕虫的长寿之谜。

螃蟹岛奇观

在巴西马腊尼昂州圣路易斯市海岸外的大西洋中,有一个神秘的无人居住的小岛,由于岛上螃蟹密布,人们就称它为"螃蟹岛"。

关于这个螃蟹岛有许多奇闻长期地流传着,使人们感到这个小岛神秘莫测,充满了疑惑。

据说,在螃蟹岛的中心地带,有许多淡水湖泊,那儿有不少巨蟒、豹子、鳄鱼及样子怪状的猴子,是一个野生动物汇聚的处所。这些动物是怎么来到这个大西洋上的孤岛上的?人们无法解开这个谜。

人们传说曾在岛上发现过野人。有一次,3个渔民乘船去岛上捉螃蟹,在船上看守的那位渔民突然发现一个全身长满毛发的野人,向船上扔树枝、树叶。他惊恐万状,大声呼喊自己的同伴,可是转眼间野人已不知去向。

还有人说,这里出现过飞碟袭击人的事。1976年,有4个渔民来岛上捉螃蟹,正当他们在船上睡觉时,突然遭到一股奇怪大火的袭击,他们急忙把船开到附近的港口,可是两个渔民被烧死,另一个也被烧伤。这场火是怎样烧起来的呢?不可能是闪电引起的,因为船只完好无损。经过一番调查,未能得到确切的结论。

许多人都认为，肇事者很可能是飞碟。

螃蟹岛还有一个奇怪的现象，每当夜晚来临，岛上经常出现一些奇特的强光，红光闪烁，景况动人。但这些光是从哪里来的呢？人们至今也未解开这个谜。

在这个孤零零的海岛上，滋生着各种蚊子。令人不解的是，它们在白天也很活跃，成群结队地袭击动物和人。来这儿捉螃蟹的渔民，必须带着又粗又长的蚊香，来点燃驱散这些可怕的蚊子。

螃蟹岛的地质构成也非常奇特，岛的四周全是密实的胶泥，气味恶臭。这种恶臭的胶泥是怎样形成的？为什么在这种胶泥上会繁殖如此众多的螃蟹？这又是一个谜。由于胶泥深厚、柔软，上岛来的捕蟹者必须先脱掉衣服，迅速地匍匐前进，绝不能停留在一个地方，否则会深陷泥潭，不能自拔。为了安全，他们往往6～8人一组，集体行动。捕蟹者都有一种特殊的本领，他们把手伸进蟹洞，抓出螃蟹，举到眼前，认出雌雄，这一套动作几乎不超过一秒钟。为了使生态不受影响，他们总是把雌蟹留下，只把雄蟹带走。上岛捕蟹是很辛苦的，但却收获颇丰，每条小船来岛一次可捉到1500～2000只大螃蟹。

在这个海岛上，最动人的场面是螃蟹的"恋爱舞会"。这在世界上也是极为罕见的。螃蟹交尾有固定的时日，它们总是选在满月时。交尾仪式一开始，雌雄双方先是翩翩起舞，数不清的螃蟹在月光下一起踏着整齐的步伐，气氛十分热烈。此时"舞会"上尽管没有欢声笑语，可是观看者却能感到这里"歌舞正酣"。众螃蟹交尾后，便纷纷钻进洞内，消失在富含碘的胶泥中。

神秘的螃蟹岛的许多疑谜，仍在等待着人们去揭示。

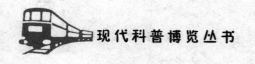

海岛巨龙之谜

几个世纪以来，人们一直传说在印尼的科摩多岛上有一种"巨龙"。它力大无比，尾巴一摆能击倒一头牛；它的胃口非常大，一口气能吃下一头100多斤重的野猪。而最令人不解的是，它的口中能够喷火！

1912年，一位荷兰飞行员由于飞机发生故障，被迫将飞机降落在科摩多岛。在岛上，他见到了那种传说中的动物。不久，他返回驻地爪哇岛，写了一份关于发现一种怪兽的报告，说是在科摩多岛的确有当地人传说中的怪兽，但它们不是"巨龙"，而是一种巨大的蜥蜴。

荷兰飞行员的报告引起了人们的兴趣。一位名叫安尼尤宁的荷兰军官登上了科摩罗岛，打死了两头怪兽，将两张完整的兽皮运到了爪哇。其中一张兽皮长达3米。经科学家们鉴别，确定是一种巨型蜥蜴，并把这种巨型蜥蜴命名为"科摩多龙"。

无独有偶，第一次世界大战结束不久，古生物学家在澳大利亚发现了科摩多龙的化石，经测定，是6000万年前的史前生物。同时，地质学家发现，科摩多岛是海底火山喷发形成的海岛，形成时间不到100万年。

这两个发现，使人们陷入了迷宫。科摩多岛诞生以前，澳大利亚的这种龙早已经灭绝。那科摩多岛上的巨蜥是从哪里来的？它们怎么能够活到今天？难道它们真是从天而降的"龙"吗？几千万年以来，它们是怎样生活的呢？这在当时成了一些难解的谜。

为了解开科摩多龙之谜，1962年，苏联学者马赖埃夫率领的探险队，在科摩多岛实地考察了几年。在发表的考察报告中说，科摩多龙体长可达3米，它们有令人恐怖的巨头，两只闪烁逼人的大眼，颈上垂着厚厚的皮肤皱褶，尾巴很大，四肢粗壮，嘴里长着26颗长达4厘米的利齿。远远望去，能看到它们口中不停喷火，但走近一细看，那口中喷出的"火"，不过是它们的舌头。它们的舌头鲜红，裂成长长的两片，经常吐出口外，乍一看，的确像熠熠闪动的火焰。

科摩多龙以海岛上的野鹿、猴子、鸟、蛇、老鼠和昆虫为食。它们会游泳，当然也会下到海里捕食一些海洋生物。它们生性不好动，很少追捕猎物，多采用"伏击"的办法猎食，待猎物靠近，猛地用尾巴一扫，将猎物击倒，然后扑上去将其咬住、吞下。科学家们看到一头科摩多龙把一头野猪击倒后，竟像吃肉丸。"龙"会突然窜进猴群，趁众猴被吓得呆若木鸡，举起尾巴猛扫，猴子们被纷纷击倒，一眨眼工夫，一只猴子已成了巨龙的腹中物了。

如今，人们已解开了科摩多龙的许多疑谜，如雌性龙每次可产5~25枚鹅蛋似的卵，8个月后小龙便破壳而出，它们的寿命为40~50年。

但是，对于这种巨龙，至今仍有许多尚未解开的谜。例如，在自然界，有生必有死，而科摩多龙却只有生者，不见死者。人们走遍整个海岛，也未见过一具科摩多龙的尸体，就连一根残骨也没找到。难道是死者被生者吃掉了吗？可它们对任何动物尸体都厌而不食，怎么会偏偏吃自己同类的尸体呢？还有，科摩多龙的祖先是在澳大利亚被发现的，它们是怎么来到科摩多岛的呢？尽管它们会游泳，但大海汪洋，水路漫漫，要游过这样遥远的距离，是难以想象的。

至今，神秘的科摩多龙仍然在科摩多岛上生活着。一些有兴趣的科学家，仍在继续探索这种海岛巨龙之谜。

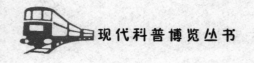
海豆芽长寿之谜

当海水退潮,在海边沙滩上经常能找到一种形似黄豆芽的小动物,它就是大名鼎鼎的"活化石"——舌形贝。它是世界上现存生物中最长寿的一个属,至今已有4.5亿年的历史了。

舌形贝体形奇特,上部是椭圆形的贝体,像一颗黄豆,下部是一根可以伸缩的、半透明的肉茎,宛若一根刚长出来的豆芽,所以舌形贝又有"海豆芽"的俗称。

海豆芽有双壳,但却不属于贝类,而被归入腕足类。它的肉茎粗大,能在海底钻孔穴居,肉茎还能在孔穴内自由伸缩。海豆芽大多生活在温带和热带海域,一般水深不超过20~30米。它们赖以栖身的潮间带,是一个波涌浪大、环境变化剧烈、海生物众多的世界,区区海豆芽能跻身于此,是和它们特有的生活方式分不开的。

海豆芽一生中绝大部分时间都是在洞穴中隐居,仅靠外套膜上方的三根管子与外界接触,呼吸空气,摄取食物。它们非常胆小,只在万无一失时,才小心翼翼地探出头来,一有风吹草动,便十分敏捷地躲进洞中,紧闭双壳,一动不动。海豆芽在不会移动而又无坚固外壳保护的情况下,运用这种穴居方式保护自己,无疑是成功的。

世界生物学界普遍认为,一个物种从起源到灭绝,平均生存不到300万年;一个属从起源到灭绝,平均生存800万~8000万年。可是海豆芽却生存了4.5亿年!在地球的沧桑巨变中,许多庞大而强悍的动物都灭绝了,而小小的海豆芽却生存至今。这种情况在生物史上是极为罕见的。是什么原因造就了生物界这位"老寿星"?除了它们独特的生活方式,在生理、生化方面它们有什么特殊性?至今还是一个谜。

海中自转小岛

1964年，从西印度群岛传来了一件令人瞠目的奇闻：一艘海轮上的船员，突然发现这个群岛中的一个无人小岛，竟然会像地球自转那样，每24小时自己旋转一周，并且一直不停。这可真是一件闻所未闻的怪事！

这个旋转的岛屿是一艘名叫"参捷"号的货轮在航经西印度群岛时偶然发现的。当时，这个小岛被茂密的植物覆盖着，处处是沼泽泥潭。岛很小，船长卡得那命令舵手驾船绕岛航行一周，只用了半个小时，随后他们抛锚登岛，巡视了一番，没有发现什么珍禽异兽和奇草怪木。船长在一棵树的树干上刻下了自己的名字、登岛的时间和他们的船名，便和随员们一起回到了原来登岛的地点。

"奇怪，抛下锚的船为什么会自己走动呢？"一位船员突然发现不对劲而大叫起来，"这儿离刚才停船的地方差了好几十米呀！"

回到船上的水手们也都大为惊异，他们检查了刚才抛锚的地方，铁锚仍然十分牢固地钩住海底，没有被拖住的迹象。船长对此满腹狐疑，心想这是不是小岛本身在移动呢？

这件奇闻使人们大感兴趣，一些人闻讯前去岛上察看。根据观察结果，一致认为是小岛本身在旋转，至于旋转的原因，就众说纷纭了。比较多的人认为，这座小岛实际上是一座浮在海面上的冰山，因潮水的起落而旋转。但真相究竟如何，当时谁也不能断言，只好留待科学家们去研究了。

过了不久，这座怪岛又从海面上消失，不知所终。

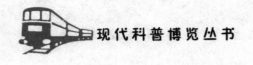

海龟识途

海龟是一类大型海生爬行动物,生活在热带海洋里,偶尔随着暖流来到温带海域,但不在温带产卵繁殖。海龟科的龟类在我国沿海有三个属、三个种。其中有一种就叫"海龟",大的可达450公斤;另一种叫"蠵龟",可达100千克以上;还有一种叫玳瑁,其背部角板上布满具有光泽的黄褐色花纹。除此之外,有一种棱皮龟科的"棱皮龟",它和海龟科是近亲。海龟大都以鱼、虾、蟹、软体动物及海藻为食。

海龟是著名的"海洋旅行家"。幼小的海龟自破壳而出之日起,便开始了旅行回游的生涯,在漫长的旅游途中不断成长和发育成熟。当生殖季节快要到来之时,海龟们即使在千万里之外,也要三五成群地结伴回归,到它们的出生地交配产卵,繁衍后代。

在茫茫的大海上,海龟是怎样辨识归途的呢?这仍是一个未解之谜。有人认为海龟可能同某些洄游鱼类一样,体内有着某种能利用地球重力场辨识方向的"导航系统",同时能参照海流和不同时期的水温来校正航向。但这只是一种假设,人们在海龟身上仍然未能发现这个"导航系统",更不用说弄清楚它的机制了。多年以来,人们对海龟回归时航行万里不迷途的本领怀有极大的兴趣,期望有朝一日揭开这个秘密,并根据其原理研制出新型的导航仪器来。

海豚"语言"之谜

在加拿大海岸与温哥华岛之间的海湾,一艘轮船上正在举行一场不同寻常的音乐会。人们带着扩音器、电吉他等乐器来到轮船甲板上，然后在乐器的伴奏下，开始唱起歌来。

这场音乐会没有一个听众。难道是在排练吗？不是。过了一会儿，听众出现了，但不是出现在甲板上，而是在海水中，这些音乐爱好者是一群海豚。

海豚一个个头朝上，垂直伫立在水中，把头和前鳍肢露出水面。甲板上的人们立即戴上耳机，耳机与水中听音器联结。通过耳机，人们听到了海豚的骚动声、尖叫声，最后听到了它们的"歌声"！这种歌声好像风笛声一样美妙。甲板上演奏的每章乐曲，都能在水中引起相应的反应。人们就这样与海豚用"音乐的语言"相互交流了几个小时。

有一位研究人员非常了解海豚的性格，他相信海豚不会伤害他，他纵身跳进海水中，与海豚相聚在一起，然后游回海岸。这时，船上的人看到陪同他一起游回的，是一支海豚的队伍。这位研究人员说，海豚不但不攻击人，而且一般对人都很友好，他在长期的研究过程中，没有发现海豚伤害过一个人，这种智力发达的动物很通人性，对人有着特殊的感情。

澳洲、非洲和美洲发现的一些岩石雕画表明，在古代，人类的祖先就在海上同海豚有过亲密的交往。研究人员认为，人若能学会和掌握海豚的"语言"，那么，就有可能利用海豚来揭开海洋的许多奥秘。

苏联的研究人员阐明了许多有关海豚"语言"的规律性。他们在同海豚的交往中，非常注意研究海豚"语言"的差异性和复杂性。通过绘制海豚"语言"分析图，可以清楚地知道，海豚之间的交往活动在方式上与人类近似，海豚似乎也具有说话能力。

科学家们试图揭开海豚"语言"的密码，但还没有取得成功。目前，一些研究人员仍在不懈地进行探索，以期早日解开这个谜。

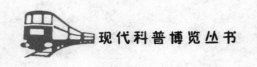

海洋动物也要睡觉

众所周知,陆地上的动物是要睡觉的,尽管他(它)们睡觉的姿态和方法不同。那么,海洋中的动物是不是也要睡觉呢? 回答是肯定的,海洋动物也要睡觉,它们睡觉的姿态和方法很特别。

其实,睡眠是作较长时间休息的一种特殊方法。不管是陆地上的动物还是海洋中的动物,都需要进行休息,包括睡眠。这种睡眠,陆地上的动物一般时间较长,容易被人察觉,而海洋中的动物大多时间很短,就难以被人发现了。例如,鱼类的睡眠时间就非常短,有的仅几分钟,有的甚至只有几秒钟,人们眼一眨的工夫,对有些鱼来说,就已睡了一觉。

海洋中除鱼类外,还生活着许多哺乳动物。它们睡觉的方法虽然与鱼类不同,但同样要睡觉。例如,海豚睡觉时,多半在夜里浮在水下1英尺的地方,安安稳稳地进入梦乡,而它的尾巴,仍然会每隔约30秒钟,便摆动下,其作用有两个:一是使它的头能露出水面,吸一口空气;另一个是使它在水中的位置更加稳定,不受水流或波涛的影响。最有趣的是有一种阿佐基海豚,它们是用大脑两半球相互交替睡眠的。当一个半球在沉睡时,另一个半球却处于觉醒状态。过了一些时间,沉睡的则觉醒,觉醒的又沉睡,如果受到外界强烈刺激,两半球将会立即觉醒。因此,它们始终能处于游泳状态,甚至在睡眠中游速也不会减慢。

海豹和海豚不同,它们既可以生活在水下,又可以爬到岸上活动。如果在地面睡觉,就和陆地动物相似;如果在水下睡觉,每做一次呼吸,就要醒来一次。这就是说,它们是在呼吸的间隙抽空睡觉。

海狗也是一种既能生活在海洋、又能生活在陆地的海洋动物。它们在陆地上睡觉时,可和陆地动物睡得一样甜美;在水下时,就和阿佐基海豚一样用大脑两半球轮流睡觉。

产于北太平洋海岸的海獭,会在海边用海草结成一张"床",围成椭圆形,睡觉时就把身体藏在中间,腹部朝天。如果它对在某个地方睡觉感到满意,就会每天都到那个地方去睡。

生长在北冰洋中的海象,睡觉更与众不同。它睡觉时不是平卧,而是垂直在水中,头部则露在水面上。

令人喜欢的海狸,一般在白天睡觉,睡时仰着头,有时还磨牙。尤其是小海狸,睡觉最有趣,它们并排着睡,有的还把小脚掌枕在头下。

珍 贵 的 珊 瑚 资 源

1.珍贵珊瑚——红珊瑚

过去给皇帝的贡品有红珊瑚,治病入药有红珊瑚,佛教徒顶礼膜拜的佛珠是红珊瑚,清朝二品文官武将的顶戴是红珊瑚。总之,人们认为红珊瑚是个宝,红珊瑚到底是何物,性状如何,人们却知之甚少,长期以讹传讹,再加之神秘的渲染,使人更感到扑朔迷离。

红珊瑚是海洋低等无脊椎动物,属于腔肠动物门、珊瑚虫纲、八爪珊瑚亚纲,软珊瑚目、硬轴珊瑚亚目、红珊瑚科、红珊瑚属的海洋动物。人们见到的红珊瑚是残留的骨骼。

1）红珊瑚的生物学特点

红珊瑚生长要求的生态条件,从地中海一大西洋区和太平洋区的调查得知,它们要求有硬底、流急、无沉积物 (特别是无陆源

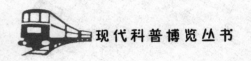
性沉积物)、水清、低光照、低温(8℃~20℃),其中地中海红珊瑚场最适宜温度是10℃。

2）生长慢、寿命长

红珊瑚从幼虫附着后10~12年才性成熟,每年夏季产卵,其浮浪幼虫是负趋光性。由于红珊瑚较其他无脊椎动物长寿,其生长速度慢、成体死亡率低都是必然的趋势。

2.竹节珊瑚

竹珊瑚其中轴石化,浅棕色的节与白色节间相隔形成,颇似天然盆景石竹,陈列在客厅,特别富有诗意,我国民间已广泛采集用作装饰。

珊 瑚 礁 的 形 成

珊瑚礁或珊瑚岛是珊瑚虫的遗骸经过地质年代的作用积累形成的。

我们把形成珊瑚礁的珊瑚统称为造礁珊瑚。大多数造礁珊瑚是群体生活的,群体中的每个个体都很小,一般直径为1-3毫米,单个个体的结构与海葵相似。它们的骨骼成分均为碳酸钙,由个体的基盘及体柱下端表皮细胞向外分泌钙质,共同构成一个杯状骨骼。杯状骨骼形成时,个体基盘部分分泌钙质形成基板,体柱下端分泌的钙质形成杯槽的四周,群体之间珊瑚与珊瑚杯底相连,杯壁共同拥有,又以出芽的方式繁殖向上生长,一般在相同条件下,块状珊瑚每年增长仅0.5~2毫米厚度,枝状珊瑚能长10~20厘米,这样无数的小珊瑚虫不断地生长、繁殖,经过许多年就长成了我们看到一块块、一束束珊瑚的模样。它们再与形成钙质骨骼的其他动植物的尸体,软体动物、腕足动物、棘皮动物、石灰藻等,一起经过地质年代堆积作用,才能在海洋中形成礁石、岛屿。

并不是所有的海域都能形成珊瑚岛。珊瑚的生长发育要求具有严格的生态条件。

首先,温度是影响造礁珊瑚生长的限制性因素,只有海水的年平均温度不低于20℃,珊瑚虫才能造礁,其最适宜的温度为低22℃～28℃,所以珊瑚礁、珊瑚岛都分布在热带及亚热带海域,我国的西沙群岛、南沙群岛、中沙群岛均为珊瑚所形成的岛屿。

其次,造礁珊瑚要求一定的海域深度,它们主要生活在浅海区,因为在浅海区日光可以很好地穿透、射入海底,有利于珊瑚体内共生藻类的光合作用;风浪、海水的震荡为珊瑚提供了丰富的食物源及充足的氧气,并易于移走代谢产物。

造礁珊瑚生活在较清洁的海水中,如果过多的陆源物质污染海水,便会抑制珊瑚取食、呼吸灯正常生理作用进行。所以珊瑚礁一定是在热带、亚热带海域,在阳光充足、水质清澈的浅海区形成。

海 底 地 貌

如同陆地上一样,海底世界有高山,有平原,还有深沟峡谷。这个世界并不像人们所想象的或是像表面看起来那样平缓和宁静,相反却是地球上最活跃最动荡不安的地带。地震、火山活动频繁,形成高山峻岭,只不过一切都掩盖在海水之下而已。

海底地形与陆地一样,有山岭、高原、盆地、丘陵等形态。海底地貌按洋底起伏的形态特征,大致可分为大陆架、大陆坡和大洋底三部分。大陆架是指陆地向海洋延伸的平浅海底。大陆坡

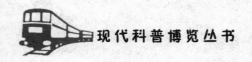
是大陆架与深海底之间较陡的陡坡。大洋底是海洋的主要部分，有海岭、海脊、海底高原等正地形，也有海沟、海槽、深海盆地等负地形。

深海盆地：大洋的主体部分。洋底下凹并为海岭或海底隆起所分割的盆地。面积大，外形呈圆形或椭圆形，底部较平坦，深度3000～6000米(大多为4000～5000米)。覆盖着深海沉积，以化学沉积和生物沉积为主。

海底山脉：又称"海脊"或"海岭"，是深海底部狭长绵亘的高地。长度可达上万千米，宽1000～3000千米，高2000～4000米。个别山峰出露水面成为岛屿，如大西洋的亚速尔群岛、南大西洋的阿森松岛等。大西洋中央海底山脉纵贯南北，山脉走向与大洋轮廓一致，呈S形。太平洋海岭分布在中部，南北绵延1万千米以上。印度洋海岭分布呈人字形。

海沟：大洋中水深超过6000米的狭长陷落地带。长可达数千千米，宽一般在百千米左右，两侧坡度陡急。海沟常与海岭相伴分布。海岭出露水面成为岛屿，在太平洋西部和北部，一系列岛屿呈弧形，成岛弧。海沟一般在岛弧的凸面，邻近大陆沿海山脉或紧靠岛屿，位于大洋的边缘上。海沟多数分布在太平洋，尤以西海岸最著名。世界上最深海沟是西太平洋马里亚纳群岛东南侧的马里亚纳海沟，深达11034米，长2550千米，平均宽度70千米。海沟分布地区是地壳最不稳定地带，火山、地震频繁。象山港在浙江省象山县以北，自东北向西南，伸入陆地内部，长约50千米，宽仅6千米。港外有六横岛为屏障，形势险要，为优良港湾之一。

太平洋名称的由来

"太平洋"这一名称是葡萄牙出生的西班牙航海家麦哲伦在

率船队做环球航行时取的。

公元1519年9月20日，麦哲伦率领西班牙探险队从圣罗卡起航，经直布罗陀海峡，沿大西洋向西，开始环球航行。一年多后，他们的船队来到了南美洲的南端。在沿南美海岸航行中，他们突然发现海岸陡分为二，麦哲伦便命令船队顶着惊涛骇浪驶进了一个海峡。经过38天的艰苦奋斗，终于绕过险滩暗礁，平安地驶过了海峡。这时，一片茫茫无际的大洋在他们眼前出现了。船队航行了3个月，从南美洲和火地岛，来到菲律宾。在航行中，始终没有遇到一次大的风浪。队员们高兴地说："这里真是个太平之洋呀。"从此，人们就把美洲、亚洲和大洋洲之间的一片大洋叫作"太平洋"。

印度洋名称的由来

印度洋古称"厄立特里亚海"，意为"红海"。这个名字最早见于古希腊著名历史学家希罗多德(公元前484年—前425年)所著《历史》一书，以及他所编绘的世界地图中。

印度洋的得名比厄立特里亚海晚得多。最早使用此名的人可能是公元1世纪后期的罗马地理学家彭波尼乌斯·梅拉。公元10世纪，阿拉伯人伊本·豪卡勒在绘世界地图时，也采用了这个名字。而近代正式使用印度洋一名则是在1515年左右，当时在中欧地图学家舍奈尔编绘的地图上，把这片大洋叫做"东方的印度洋"，此处"东方的"一词是和大西洋相对而言的。到了1570年，奥尔太利乌斯所编绘的世界地图集里，把"东方的印度洋"一名的"东方的"去掉，成为通用的称呼，一直沿用至今。

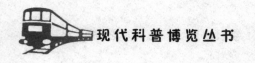
大西洋名称的由来

大西洋这一名称最早见于明朝记载。意大利传教士利玛窦来华,在晋谒明神宗时称自己是"大西洋人"。在他的概念里,印度洋海域是"小西洋",而欧洲以西的海域则是"大西洋"。我国明朝年间,大体以雷州半岛至加里曼丹一线为大西洋的分界线。它的西面叫"西洋",而把日本人称为"东洋人"。随着人们对欧洲地理概况的了解,人们发现前面的说法并不确切,于是,改称印度洋为"小西洋",而把欧洲以西的海域称"大西洋"。西方世界地理学和地图作品传入我国后,我国翻译家便以"大西洋"命名,并一直沿用至今。

红海名称的由来

红海是中文意译,关于它的名称的由来有着各种各样的说法,而大多数的说法往往又同红色联系起来。一种说法是从海水的颜色来解释红海的名字,这种说法包含三种不同的解释。一种解释说因为红海里有许多色泽鲜艳的贝壳,因而使水色深红;一种解释说红海沿海地带上有大量黄中带红的珊瑚沙,使得海水变红;另一种解释是,红海温度高,光照充足,适宜生物的繁衍,所以红海表层海水中大量繁殖着一种红色海藻,由于数量庞大使得蓝蓝的海水看上去呈现微红色,于是得此美名。

第二种说法认为红海两岸岩石的色泽是得名的原因。在古代,人们由于交通工具和技术条件的制约,只能驾船在离岸不远的海面航行。他们发现红海两岸特别是非洲沿岸,是一片绵延不断的红颜色岩壁，在日光的映照下，岸上红光闪烁，反映入水中使海水变红。红海由此而得名。

第三种说法是把红海的得名和气候联系在一起。在红海海面上，经常有来自非洲大沙漠的西风吹来，送来一股股炎热的气流。气流中夹带的红黄色的尘雾常常笼罩着红海，天空一片昏暗。古代腓尼基人和希腊人航行到这里，看到红海这种奇异的景象，于是便将此海命名为"红海"。

第四种说法是因其地理位置而定，由于人们认为"红"表示"南方"的意思，红海即为"南方的海"。

爱琴海名称的由来

爱琴海的命名来源于希腊神话传说。

古时间提卡地方(今雅典及周围)有个叫爱杰斯的国王，他派他唯一的儿子特秀斯到南方大海中的克里特岛，给半人半牛的魔王米诺斯奉献童男童女做贡品。

米诺斯是大神宙斯和女神欧罗巴所生，他无法无天，专吃幼男幼女。

爱杰斯深恐他的儿子受害，约定如能平安归来，即以白帆为号。

特秀斯在一个美丽公主的巧妙救护下，平安归来，但忘记临走时同父亲的约言，返航时仍用的是黑帆。

日夜在海边守候的爱杰斯，误以为儿子惨遭毒手，遂悲痛欲绝，马上投海而死。

后世为纪念他，就以他的名字给海命名，叫作"爱琴海"，意指"爱杰斯的海"。

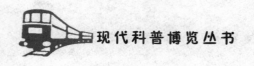

东 非 大 裂 谷 之 谜

东非大裂谷北抵西亚,从靠近伊斯肯德伦港的南土耳其开始,向南一直延伸到非洲东南贝拉港附近的莫桑比克海岸,总长超过6500千米,人们称它是"大地上最大的伤疤"。裂谷底部有些地方深不见底,积水形成40多个与众不同的条带状或串珠状湖泊群。其中就有全球最深的湖泊——东非坦噶尼喀湖,水深超过1400米。而在未被湖水占据的裂谷带,则是一条巨大而狭长的凹槽沟谷,两边都是陡峻的悬崖峭壁。同时裂谷带也是大陆上最活跃的火山带和地震带。

在那里,人们不断发现一些意想不到的东西。例如在裂谷带的基伍湖下层,发现了无机成因的甲烷,储量高达500多亿立方米。大多数人认为这些甲烷来自地球深部,溢出地壳溶解于水体中聚集成天然气藏。尽管它的形成机制人们还不清楚,但对于有机成因论无疑是一个有力的挑战。

东非大裂谷也是已知的古人类的最早发源地。1959年,英国人类学家李基夫妇在坦桑尼亚奥杜韦峡谷,发掘到175万年前的东非人头盖骨,打破了人类历史不超过100万年的传统观点。以后,人们又在坦桑尼亚、肯尼亚和埃塞俄比亚境内的裂谷带中,接二连三找到更多、年代更久远的古人类骨骼化石。东非人的来龙去脉,以及他们为什么选择在裂谷带生活,一直是人类学家潜心探索、孜孜求解的课题。东非大裂谷未来的命运,同样吸引着人类的视线。

1978年11月6日,地处吉布提的阿浩尔三角区地表突然破裂,阿尔杜科巴火山在几分钟内平地突起,把非洲大陆同阿拉伯半岛又分隔开1.2米。科学家们认为,红海和亚丁湾就是这种扩张运动的产物。他们还预言，如果照这种速度继续下去，再过2亿年，东非大裂谷就会被彻底撕裂开，"分娩"出一条新的大洋，就像当年的大西洋一样。但是，反对板块理论的人却认为大陆和大洋的相对位置无论过去和将来都不会有重大改变，地壳活动主要是做上下的垂直运动，裂谷不过是目前的沉降区而已。在它接受了巨厚的沉积之后，将来可能转向上升运动，隆起成高山而不是大洋。东非大裂谷究竟会怎样，看来人类也只有拭目以待了。

拯救海浪

冲浪运动最早起源于美洲的土著居民，在古代秘鲁人的壁画中，可以看到人们用芦苇板冲浪的画面。柯克船长第一次到夏威夷的时候，就看到当地人在海浪中兴致勃勃地冲浪。现代人对冲浪的喜爱开始于20世纪20年代的美国。

将海洋巨大的能量转变为瞬间的优雅，冲浪既是一项运动又是一种艺术。

海洋中暴风雨的推动产生了海浪，巨大的力量借水而行，直到遇到陆地，水底礁石的阻碍使得海浪的底部速度减缓，而浪尖速度不变，于是浪尖抛出去再卷下来，形成转瞬即逝的海水隧道。技艺高超的冲浪好手能够抓紧时机从隧道中直穿而过而不会被海浪吞没。这种海水隧道是冲浪爱好者梦寐以求的，然而并非所有的海滩都会形成良好的海水隧道，要有海浪，还要有适宜的海底礁石……于是冲浪又成为了科学。

美国南加州有很多海滩，但适合冲浪的海滩却不多。其中一个冲浪的最佳地点附近海底有雪佛龙公司的水下输油管道，为了保护输油管，修建了堤坝，哪知却破坏了能形成海水隧道的海浪。

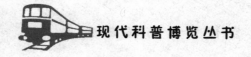
当地的冲浪者基金会抗议雪佛龙公司的行为,公司最终赔偿损失,并且答应设置人工礁石以生成适宜的海浪。呈V字形放置的人工礁石达到了预期的目的。

冲浪者基金会所面对的另一项斗争是水质污染。城市污水、工业废水等未经处理就排入海中,冲浪者长时间泡在海水中,很容易得病。有人说冲浪者就像矿井中的金丝雀,对水质污染非常敏感。冲浪者基金会每天都要检查水质,而且组织各种活动教育人们要有环保意识。这些活动的发展远超过基金会的预料,越来越多的人参与到这些活动中来,其中很多并非是冲浪者,基金会俨然成为环保组织。

费尔南德岛:海豚之岛

巴西附近的费尔南德岛由火山形成,几乎没有什么土壤,地面含盐量高不适宜植物生长,因此大部分地区非常荒芜,不适宜居住。很久以前只有海盗将此作为避风港。18世纪葡萄牙人占领该岛,建造炮台,修筑监狱,此后直到第二次世界大战,费尔南德岛都是葡萄牙人关押犯人的监狱。

地面上虽然荒芜,海面下却是海洋生物的乐园。强烈的海浪侵蚀着火山岩,形成许多水底洞穴,各种各样的热带鱼类成群结队生活其间。海浪推移着海水,大量的绿色海藻飘来飘去,行为古怪的鱼把石头从这一堆搬到那一堆,清道夫虾在洞穴门口挥舞着白色的触须和手臂招揽过往游鱼前来接受免费的按摩清理服务。趴在海底害羞的鲨鱼,躲藏在沙子中的扁平的鳐鱼,长相凶恶眼露凶光的海鳗……实在令人目不暇接。

曾经有一艘巡洋舰触礁沉没,笔直地落到一百多英尺深的海底。许多年过去了，船身上都覆盖上了海藻和海绵，成群的鱼也把这里作为自己的家。这里是有经验的潜水员潜水的好地方，船内一切都保持原样。当时船沉没得非常快，船员仓皇逃生，连东西也来不及拿走。船舱中，衣柜中挂着制服，桌上的电话，航海日志都完整地保存着。

费尔南德岛东南部风急浪高，北部海面却风平浪静。北部的海豚湾是长吻海豚(又叫飞旋海豚)休息、嬉戏、交配、产仔的港湾，生活着大约600只长吻海豚。它们白天在海豚湾里居住入夜后出发到远处的深海觅食。长吻海豚是体型较小的一种海豚，它们能跃入空中、转身、旋转、拍打海水，简直是海中的杂技员，这也是称它们为飞旋海豚的原因。这种独特的飞旋似乎不仅仅是它们的娱乐，从空中落回海水重重地拍打在海水中能够传到很远的地方。当海豚群准备离开港湾前往深海的时候，海豚开始频繁地飞旋，似乎是一种出发的前奏。海豚的家族十分民主，集体活动必须得到全体成员的通过，当每一只海豚都准备好要离开时，海豚群才开始离开。在前进的过程中，长吻海豚也常常跃起飞旋，似乎告诉其他海豚自己的位置。其他种类的海豚虽然也能跃出水面，但都没有飞旋的动作。研究人员曾经在一群宽吻海豚中惊讶地看到有一只能做飞旋，仔细一看是一只长吻海豚，可能是宽吻海豚收留了它。海豚群在深海中的觅食情况人们所知甚少，还是一个待解的谜。

费尔南德岛后来归巴西所有，政府在此建立了国家海洋公园。

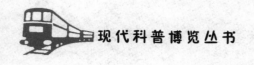

涠洲岛

北海市拥有广西最大的海岛涠洲岛。涠洲岛位于北海半岛东南面36海里处，由南至北长6.5千米，由东至西宽6千米，最高海拔79米，是我国最大最年轻的火山岛。岛上住有2000多户人家，16000多人，85%以上都是客家人。岛上气候宜人，资源丰富，风光秀丽，景色迷人，四季如春，气候温暖湿润，富含负氧离子的空气清新宜人，具备世界旅游界向注的三S(海水 sea、阳光 sun、沙滩 sand)的旅游资源十分丰富的岛屿，故素有"大蓬莱"仙岛之称。

在高空鸟瞰，面积为25平方千米的涠洲岛犹如一枚翡翠漂浮于湛蓝的大海中。踏上这座火山岛，撞入眼帘的是奇特的海蚀海积地貌与火山熔岩景现——猪仔岭憨态可掬，鳄鱼石栩栩如生，滴水岩泉水叮咚，红色火山岩好像刚刚喷发过……位于盛堂村的法国天主教堂，更是在19世纪末就落户岛上，材料全部取于岛上的珊瑚、岩石，历经百年岁月，依然坚固如初。400多年前，明代著名戏剧家汤显祖游览该岛，写下"日射涠洲廊，风斜别岛洋"的诗句。

海 和 洋 的 区 分

广阔的海洋，从蔚蓝到碧绿，美丽而又壮观。海洋，海洋，人们总是这样说，但好多人却不知道，海和洋不完全是一回事，它们彼此之间，是不相同的。那么，它们有什么不同，又有什么关系呢?

洋，是海洋的中心部分，是海洋的主体。世界大洋的总面积，约占海洋面积的89%。大洋的水深，一般在3000米以上，最深处可达1万多米。大洋离陆地遥远，不受陆地的影响。它的水温和盐度的变化不大。每个大洋都有自己独特的洋流和潮汐系统。大洋的水色蔚蓝，透明度很大，水中的杂质很少。世界共有4个，即太平洋、印度洋、大西洋、北冰洋。

海，在洋的边缘，是大洋的附属部分。海的面积约占海洋的11%，海的水深比较浅，平均深度从几米到两三千米。

海临近大陆，受大陆、河流、气候和季节的影响，海水的温度、盐度、颜色和透明度，都受陆地影响，有明显的变化。夏季海水变暖，冬季水温降低；有的海域，海水还会结冰。在大河入海的地方，或多雨的季节，海水会变淡。由于受陆地影响，河流夹带着泥沙入海，近岸海水混浊不清，海水的透明度差。海没有自己独立的潮汐与海流。海可以分为边缘海、内陆海和地中海。边缘海既是海洋的边缘，又是临近大陆前沿；这类海与大洋联系紧密，一般由一群海岛把它与大洋分开。我国的东海、南海就是太平洋的边缘海。内陆海，即位于大陆内部的海，如欧洲的波罗的海等。地中海是几个大陆之间的海，水深一般比内陆海深些。世界主要的海接近50个。太平洋最多，大西洋次之，印度洋和北冰洋差不多。

海洋的形成

海洋是怎样形成的？海水是从哪里来的？

对这个问题目前科学还不能给出最后的答案，这是因为，它们与另一个具有普遍性的、同样未彻底解决的太阳系起源问题相联系着。

现在的研究证明，大约在50亿年前，从太阳星云中分离出一些大大小小的星云团块。它们一边绕太阳旋转，一边自转。在运动过程中，互相碰撞，有些团块彼此结合，由小变大，逐渐成为原始的地球。星云团块碰撞过程中，在引力作用下急剧收缩，加之内部放射性元素蜕变，使原始地球不断受到加热增温；当内部温度达到足够高时，地内的物质包括铁、镍等开始熔解。在重力作用下，重的下沉并趋向地心集中，形成地核；轻者上浮，形成地壳和地幔。在高温下，内部的水分汽化与气体一起冲出来，飞升入空中。但是由于地心的引力，它们不会跑掉，只在地球周围，成为气水合一的圈层。

位于地表的一层地壳，在冷却凝结过程中，不断地受到地球内部剧烈运动的冲击和挤压，因而变得褶皱不平，有时还会被挤破，形成地震与火山爆发，喷出岩浆与热气。开始，这种情况发生频繁，后来渐渐变少，慢慢稳定下来。这种轻重物质分化，产生大动荡、大改组的过程，大概在45亿年前完成了。

地壳经过冷却定型之后，地球就像个久放而风干了的苹果，表面皱纹密布，凹凸不平。高山、平原、河床、海盆，各种地形一应俱全了。

在很长的一个时期内，天空中水气与大气共存于一体，浓云密布，天昏地暗。随着地壳逐渐冷却，大气的温度也慢慢地降低，水气以尘埃与火山灰为凝结核，变成水滴，越积越多。由于冷却不均，空气对流剧烈，形成雷电狂风，暴雨浊流，雨越下越大，一直下了很久很久。滔滔的洪水，通过千川万壑，汇集成巨大的水体，这就是原始的海洋。

原始的海洋，海水不是咸的，而是带酸性又缺氧的。水分不断蒸发，反复地形云致雨，又落回地面，把陆地和海底岩石中的盐分溶解，不断地汇集于海水中。经过亿万年的积累融合，才变成了大体匀的咸水。同时，由于大气中当时没有氧气，也没有臭氧层,紫外线可以直达地面,靠海水的保护,生物首先在海洋里诞生。大约在38亿年前,在海洋里产生了有机物,先有低等的单细胞生物。在6亿年前的古生代,有了海藻类,在阳光下进行光合作用,产生了氧气,慢慢积累,形成了臭氧层。此时,生物才开始登上陆地。

总之,经过水量和盐分的逐渐增加,以及地质历史上的沧桑巨变,原始海洋才逐渐演变成了今天的海洋。

波 浪

海水受海风的作用和气压变化等影响,使它离开原来的平衡位置,而发生向上、向下、向前和向后的运动,这就形成了海上的波浪。波浪是一种有规律的周期性的起伏运动。

当波浪涌上岸边时,由于海水深度愈来愈浅,下层水的上下运动受到了阻碍,受物体惯性的作用,海水的波浪一浪叠一浪,越涌越多,一浪高过一浪。与此同时,随着水深的变浅,下层水的运动所受阻力越来越大,以至于到最后,它的运动速度慢于上层的运动速度,由于惯性,波浪最高处向前倾倒,摔到海滩上,成为飞溅的浪花。

暴风浪具有特别的重要性。暴风浪是吹程相当大的特殊大风的产物;它们在一天里对海岸线的作用可能比普通盛行波浪在数周相对平静的天气里作用明显。这些暴风浪大多数都造成破坏性的后果。由于它们频繁出现,一浪紧接着一浪,频率约为1分钟12~14次,由于当波浪破碎时,水几乎垂直地冲击下来(因此有"冲击碎浪"一语),因而回流比上爬强有力得多。因此,这些破坏性波浪倾向于"梳"下海滩,并将物质向海移动。每分钟起伏6~8

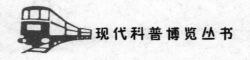

次的较和缓的波浪,其上爬浪的前冲力较强,由于摩擦阻碍作用,回流力量较弱;因此,它们倾向于将粗砾搬上海滩。这些波浪是建设性波浪,即"顶"或"激散"碎波。

冬季的大西洋波浪对爱尔兰西岸的平均压力,差不多为每平方米 11 000 千克,而在大风暴期间,压力可 3 倍于此。暴风浪对海岸线的作用在高潮时极为显著,因为它们的力量作用于较高的海滩或悬崖面上。

当波浪接近滨岸并且水变浅时,其速度便减小。如果海岸由交替的岬湾构成,那么,水在岬角前变浅要比在海湾深水处快。因此,波浪从海湾处向岬角侧部弯曲或折射,并在这里加强侵蚀过程。如果波浪以斜交的方向推进,那么折射也可能在平直海岸上发生,结果它们最终将在几乎与海岸平行的方向上破碎。

开阔大洋中的波浪由水质点的振动形成,当波浪经过时,水质点便画出一个圆圈;在波峰上,每个质点都稍稍向前移动,然后返回波谷中差不多它们原来的位置。一块浮木或软木,除非是风或海流事实上使其漂移,否则它几乎不改变其位置。质点的振动是风对水面的摩擦引起的。强风的结果形成巨浪,巨浪可能以峰谷间垂直高达 12～15 米的圆形涌浪形态在开阔大洋上传播数千千米。迄今观测到的最长的涌浪的波长(相邻波峰之间的水平距离)为 1130 米,波高 21 米,这是 1961 年"贝齐"号在飓风期间一架自动波浪记录仪于西大西洋中观测到的。

但是,当波浪传播到浅水时,其波峰便变陡,卷曲然后破碎(这时称为碎波),结果大量的碎波成为上爬浪整体地冲上海滩。然后,水又作为回流沿海滩斜坡流回。一方面,水对着海岸聚积起来,另一方面又有称为底流的下层流予以抵销,下层流在海底附近从滨岸流回,或者在这里局部成为裂流。

波浪由风推向滨岸,其高度以及由此获得的能量取决于风的强度和风在开阔水域吹过的距离,这称为吹程。因此,在海岸线的演变中,最重要的是相对于风向、开阔海面的海岸线的位置和方位,特别是相对于最大吹程的方向和最大的波浪即优势波浪(能起最大作用的波浪)方向的海岸线位置和方位。

大 陆 架

大陆架范围自海岸线(一般取低潮线)起,向海洋方面延伸,直到海底坡度显著增加的大陆坡折处为止。陆架坡折处的水深在20~550米间,平均为130米,也有把200米等深线作为陆架下限的。大陆架平均坡度为0~0.7,宽度不等,在数千米至1500千米间。全球大陆架总面积为2710万平方千米,约占海洋总面积的7.5%。陆架地形一般较为平坦,但也有小的丘陵、盆地和沟谷;上面除局部基岩裸露外,大部分地区被泥沙等沉积物所覆盖。大陆架是大陆的自然延伸,原为海岸平原,后因海面上升之后,才沉溺于水下,成为浅海。

大陆架是地壳运动或海浪冲刷的结果。它大多分布在太平洋西岸、大西洋北部两岸、北冰洋边缘等。在大陆架上有流入大海的江河冲积形成的三角洲。在大陆架海域中,到处都能发现陆地的痕迹。泥炭层是大陆架上曾经有茂盛植物的一个印证。泥炭层中含有泥沙,含有尚未完全腐烂的植物枝叶,有机物质含量极高。大陆架上的沉积物几乎都是由陆地上的江河带来的泥沙,而海洋的成分很少。除泥沙外,永不停息的江河就像传送带,把陆地上的有机物质源源不断地带到大陆架上。大陆架由于得到陆地上丰富的营养物质的供应,已经成为最富饶的海域,这里盛产鱼虾,还有丰富的石油天然气储备。 大陆架并不是永远不变

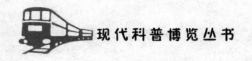

的,它随着地球地质演变,不断产生缓慢而永不停息的变化。

大陆架有丰富的矿藏和海洋资源,已发现的有石油、煤、天然气、铜、铁等20多种矿产;其中已探明的石油储量是整个地球石油储量的三分之一。

大陆架是海底沉积作用最为发育的地带,其沉积类型和特征受环境因素制约。由于大陆架的水域为浅海环境,所以影响大陆架沉积作用的因素有:①海平面变动;②物源补给;③水动力条件;④气候及其波动;⑤碎屑物粒度;⑥生物作用;⑦化学因素;⑧大陆架地形;⑨海域敞蔽程度;⑩周边陆地区域地质特征;⑪构造背景。

海　岛

如果根据世界各国出版的地图书中发表的海岛数目统计,世界上有10万个左右的海岛的说法,是有一定根据的。但是,世界各国统计计算的标准、方法也不完全一样:有的把10平方米以上,或100平方米以上的礁石就算做海岛;有的把500平方米,甚至1平方千米以上海洋中的小块陆地才算岛屿。显然,标准方法不同,所统计的数目也就不同。如印度尼西亚,它是世界上海岛最多的国家,印尼政府有关部门统计为13000多个,而印尼海军统计为17000个。一个国家不同部门统计的海岛数目就相差约4000个。

全世界岛屿的面积共约977万平方千米,占陆地总面积的1/15。

我国500㎡以上的海岛有6500个以上,总面积6600多平方千米,其中有常住居民的海岛有455个,人口470多万。开发海岛,对于建设海洋经济强国有重大意义。要加强海岛基础设施建设,按不同类型,因地制宜,提高其产业结构等级,实行组群开发、据点式开发,发展外向型经济,把我国海岛建成"海洋第二经济带"。

东海是我国岛屿最多的海域,其中的舟山群岛为我国第一大群岛,还有洞头群岛和福建沿海岛屿;黄海有长山群岛及獐子岛等;渤海有庙岛群岛;广东沿海岛屿及东南西沙群岛等等。

海上农牧场

海上农牧厂自20世纪80年代起受到各国的重视。日本最早提出建设海上农牧场,1980年起便开始实施一项为期9年的"海洋腾飞计划",大力发展海水养殖业,80年代末养殖产量已超过200万吨,居世界首位。美国在80年代也投资10多亿美元建立了一个10万亩的海洋农牧场。苏联虽以远洋渔业为主,但也不放松海水养殖业,在里海和亚速海投放鲟鱼幼体,长大后将其回捕,还在远东沿海建立牡蛎、扇贝等养殖场。其他国家在此期间也掀起发展海水养殖业热。我国近来也注意实施海水养殖,并已成为世界养虾大国。80年代以来,世界海水养殖产量以每年10%的速度增长,到80年代末养殖产量估计已超过800万吨。但从整个海洋渔业看,世界海水养殖的比重还比较小,不到10%,因此还有巨大潜力待开发。

现在正把许多高技术用于鱼类品种的改良上。例如利用遗传基因工程技术,培育、改良鱼虾贝藻的种苗和幼仔,使其成长快、生命力强、肉质好。1984年美国通过基因重组技术,使贝类、鲍鱼的养殖产量提高了25%。根据所发现的几种鱼类的生长激

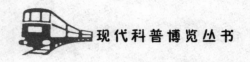

素基因,进行了基因分离和转移实验,1986年成功地将虹鳟鱼生长激素基因转移到鲇鱼中,使鲇鱼养殖周期缩短一半以上。从南极鱼类中分离抗冻基因,将其转移到大西洋鲑鱼中,增加了鲑鱼的抗寒能力,扩大了其养殖地区。利用细胞工程进行鱼类性别控制研究,培养出全雌性鲑鱼和对虾、全雄性罗非鱼等,这对于进行大量人工育种有重大意义。目前,正在研究通过控制遗传基因使具有洄游习性的某种鱼,能对声波和光线做出反应,以便对其进行科学管理。

除了进行品种改良,还把高科技用于建设海洋农牧场中。建立人工鱼礁便是一例。它是为鱼类建立舒适的家,以吸引更多鱼类到这里来栖息繁衍。人工鱼礁就是把石块、水泥块、废旧车辆、废旧轮胎等以各种方式堆放在海底,以造成海洋生物喜欢的环境,微小的海洋生物和海藻会附着它上面,为鱼类提供丰富的饵料。另外,突出于海底的人工鱼礁,会使海水从底部流向上层,把海底营养丰富的海水带上来增加其肥性,以吸引鱼儿的到来。

据估算,在不破坏生态平衡的条件下,海洋每年可向人类提供30亿吨水产品,以2000年时全球人口达到63亿计算,每人每年平均可得476千克,每月39千克。单从蛋白质产量看,海洋每年能生产蛋白质约4亿吨,约为目前人类对蛋白质需要量的7倍。由此可见,海洋对解决人类的吃饭问题能起何等大的作用。当然,实现这个目标不是短期内一蹴而就的。

海洋——矿物资源的聚宝盆

海洋是矿物资源的聚宝盆。经过20世纪70年代"国际10年海洋勘探阶段",人类进一步加深了对海洋矿物资源的种类、分布和储量的认识。

1. 油气田

人类经济、生活的现代化,对石油的需求日益增多。在当代,石油在能源中发挥第一位的作用。但是,由于比较容易开采的陆地上的一些大油田,有的业已告罄,有的濒于枯竭。为此,近20～30年来,世界上不少国家正在花大力气来发展海洋石油工业。

探测结果表明,世界石油资源储量为10000亿吨,可开采量约3000亿吨,其中海底储量为1300亿吨。

我国有浅海大陆架近200万平方千米。通过海底油田地质调查,先后发现了渤海、南黄海、东海、珠江口、北部湾、莺歌海以及台湾浅滩等7个大型盆地。其中东海海底蕴藏量之丰富,堪与欧洲的北海油田相媲美。

东海平湖油气田是我国东海发现的第一个中型油气田,位于上海东南420千米处。它是以天然气为主的中型油气田,深2000～3000米。据有关专家估计,天然气储量为260亿立方米,凝析油474万吨,轻质原油874万吨。

2. 稀锰结核

锰结核是一种海底稀有金属矿源。它是1973年由英国海洋调查船首先在大西洋发现的。但是世界上对锰结核正式有组织的调查,始于1958年。调查表明,锰结核广泛分布于4000～5000米的深海底部。它们是未来可利用的最大的金属矿资源。令人感兴趣的是,锰结核是一各种生矿物。它每年约以1000万吨的速率不断地增长着,是一种取之不尽、用之不竭的矿产。

世界上各大洋锰结核的总储藏量约为3万亿吨,其中包括锰

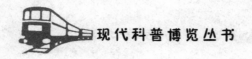

4000亿吨,铜88亿吨,镍164亿吨,钴48亿吨,分别为陆地储藏量的几十倍乃至几千倍。以当今的消费水平估算,这些锰可供全世界用33000年,镍用253000年,钴用21500年,铜用980年。

目前,随着锰结核勘探调查的深入,技术的成熟,预计到不久的将来,可以进入商业性开发阶段,正式形成深海采矿业。

3.海底热液矿藏

20世纪60年代中期,美国海洋调查船在红海首先发现了深海热液矿藏。而后,一些国家又陆续在其他大洋中发现了三十多处这种矿藏。

热液矿藏又称"重金属泥",是由海脊(海底山)裂缝中喷出的高温熔岩,经海水冲洗、析出、堆积而成的,并能像植物一样,以每周几厘米的速度飞快地增长。它含有金、铜、锌等几十种稀贵金属,而且金、锌等金属品位非常高,所以又有"海底金银库"之称。的是,重金属五彩缤纷,有黑、白、黄、蓝、红等各种颜色。

在当今技术条件下,虽然海底热液矿藏还不能立即进行开采,但是,它却是一种具有潜力的海底资源宝库。一旦能够进行工业性开采,那么,它将同海底石油、深海锰结核和海底砂矿一起,成为21世纪海底四大矿种之一。

海 洋 探 险

海洋——这个至今没有被人类征服的地方,占地球表面的3/4,海水量达到140亿立方千米,平均深度有3700米。大洋错综复杂的食物网养育了种类繁多的海洋生物,它比陆地上的任何生态系统都要复杂得多,从生活在洋底火山口边的吃硫磺的微生物、细菌,到各种深海鱼类,它们放出的荧光能照亮很远的地方,吸引了众多的供它们食用的生物。在有些地方,甚至可能潜藏着有待发现的被称为"海怪"的动物新种,如20米长的大乌枪鲗。

　　科学研究告诉我们,在这个海底世界里,潜在的经济价值同样是不可估量的:能量巨大的漩涡洋流,影响着世界上大部分地区的气象,若能了解它们的形成机制和规律,可预报气候灾害的发生,免于损失数万亿美元的经济损失。大洋还有巨大的有商业开发价值的镍、锰、铁、钴、铜等;深海的细菌、鱼类和植物,有可能成为保护人类健康与长寿的神奇药物之源。有人估计,在今后几十年里,从大洋获得的利益会远远超过人类目前探测太空的收益。如果人们能自由安全地出入洋底,其经济效益会立竿见影的。

　　但是,到达洋底和到达外层空间一样,没有特殊的装备,人是不可能到达洋底的。常识告诉我们,若没有氧气筒的帮助,人是不能长时间的下潜到3米以下的水里——这只不过是大洋平均深度的三千分之一!随着不断地潜入水下,压力也在不断增加。人的内耳、肺和一些孔道就会感到压力,令人痛苦。水下温度低,会很快吸走人体的热量,使得人难以在3米以下的水里坚持2~3分钟。

　　由于以上这些原因,当代深海的探险,不得不坐等两项关键技术的发展:深海球形潜水器和深潜铁链拴系钢球深潜器。会游泳的人一直在思考,如何在水下得到氧气? 千百年来,一直如此。古代希腊的潜水者是从充满气的瓶子里获得氧气,近代潜水者则多用压缩空气的办法进入潜水。通常人可以潜入到30米的深度。最有经验的使用水下呼吸器的人也不敢冒险潜到45米以下,因为深潜压力的增加和上浮水面的过程的压力变化,容易造成减压病甚至死亡。使用密封的潜水服,也只能潜入到440米的深处。

球形深海潜水器创造了下潜923米的记录，但操作十分困难。后来又发明了体积很小的深海潜艇，但它只能供科学研究用。先进的深海潜艇配备有水下摄影机、收集标本筐和具有人手功能的机械操作臂。美国、法国、日本、俄罗斯等国都研制出了深水潜艇，收集到大海深处的动物、植物、岩石、水样等资料标本。这就开辟了一个深海探测的新时代。人们获得了大量的深海世界里的信息，从而改变了生物学、地质学和大洋地理学某些传统的看法。科学家们用新的目光来看待风海流的变化规律；太平洋的厄尔尼诺现象，对具有商业价值的鱼群有极大的危害，并且会诱发地球上气候的奇特变化；大洋环流的不稳定性，可能导致全球性的气候改变，或使现在地球上稳定的气候慢慢消失。

科学家们还认识到，大洋底的海床并不是平坦的，它高低起伏，比陆地地形更复杂，它的峡谷能装得下喜马拉雅山山脉。更令人惊异的是，大洋底还有一条独特的、全球范围的、长达60000千米的大山脉，它像一条巨蛇一样，蜿蜒穿过大西洋、太平洋、印度洋和北冰洋，科学家们称这条洋底大山为"大洋中脊"。

到20世纪70年代末，当地质学家们仔细研究了大洋中部的诸山脉后，他们更坚信了大地板块结构的理论。根据这一理论，地球的表面不是单一的石头外壳，它是由若干块巨大板块构造组成的，这些板块构造最小的也有数千平方千米，它们漂浮在地幔之上。大洋中脊的隆起部分，可能是最初创造地壳的地方；新的板块构造也许是在形成海床之前就在它下面的地壳内引力作用下造成的。从大西洋中脊上采来的岩样已证明了这一点。这正是板块结构理论正确性的惊人证据。洋底不断流出的、炽热的、富有矿物质的海水原来来自洋底像烟囱一样的山峰，这又是一个证据。它表明岩石下仍有巨大的热量，它来自相对年轻的底质构造。在这里，有被称之为热液喷出口，其平均深度为2225米。海洋地质学家们已仔细研究了洋底热液喷出口。观察后发现,这些喷出口,实际上是洋底的间歇喷泉,就像美国的黄石公园的"忠实泉"一样。炽热的海水从洋底裂缝里流出来,虽然温度高达400℃,但因为那里的压力太大了,所以不会沸腾。热水喷出后,很快冷却。喷出的水含有大量的矿物质,包括锌、铜、铁、硫磺混合物和硅,它们集落在海床上。这些东西越积越厚,最后形成烟囱状的山峰,像个"黑色吸烟人"。

这些热喷口处的化学反应,回答了困扰科学家多年的问题。在其成分不断地被腐蚀时,为什么海水中存在的大量的镁能保持相对稳定? 现在认识到,镁是在热水流过岩石时从海水中被剥离下来的。

当科学家们把这些热喷口看成是研究海底世界的化学实验室时,有商业头脑的企业家却把它看成是金属冶炼厂,因为它们能从地球的内部获得巨大的有价值的各种金属。海洋地质学家很早就知道,在4300米到5200米深的洋底,铺了一层锰结核。这些土豆大小的锰核,含有铁、镍、钴以及其他金属。从20世纪70年代始,已有不少采矿公司用先进的设备来采集它们。

如果说洋底的热喷口令人惊奇,那么更令科学家们感到吃惊的是,在这些含硫的间歇泉四周竟会有生命!这真是大大地出人意料外。1977年,科学家们在这些热喷口的水里发现不少微生物,还发现一条20厘米长的管状蠕虫。一条红皮肤、蓝眼睛的怪鱼!这个事实被新闻报道后,起初许多人不相信这个事实,但这种"不信"很快被"好奇"所代替。人们自然又提出这样的疑问:若真有生物,它们靠吃什么为生呢? 那里根本没有光,它们又是怎么生存的? 令人奇怪的是,在100多年前,俄国的一个科学家就发现了上述的事实,他说水下的细菌,是靠氧的硫化物生存的,而这种化合物对多数生命是有剧毒的!现在科学家们已弄清了这些细菌与

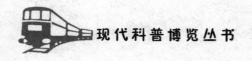

地面上光合成的细菌正好相反,是从化学物质中获得生存能量,而陆地上光细菌是从光中获得能量。

近些年来,围绕着人们要不要进入更深的洋底的问题,争论十分激烈。科学家和政治家在辩论:继续向更深的洋底进军值得不值得? 大多数人承认,探测大洋底是一项极有理论与实用价值的事业,但花费太大,因此犹豫不决。有人则持反对态度,他们认为,这是白白浪费金钱。美国、法国就有人反对再建造更为先进的深海探测器。但赞成者仍是多数,他们,把探测世界大洋底的实践比作是当今的哥伦布发现新大陆,其理由是"那肯定是一个无法想象的神奇世界",探测这个未知"新大陆",肯定会改变人类许多传统的观点,并为人类带来巨大的利益。在探测洋底事业中,美国、日本、法国等国的科学家们工作最出色,其中日本投资最大,成就也最显著。日本总是对新的市场抱有极大的兴趣,他们把世界大洋也看成一个新的市场,所以他们对海洋抱有极大的热情。日本的科学家们发现,太平洋板块构造的边沿,从东向西,在挤压日本陆块。日本的深海探测器可达到1万多米深的洋底,研究人员能从屏幕上看到机器人仅用了35分钟就下潜到10911.4米的深度。在这个深度,人们发现了一条海蛞蝓、蠕虫和小虾,这再次证明在地球环境最恶劣的地方,也有多种生命形式存在。1996年,一个崭新的、革命性的海底探测船在美国加利福尼亚中部的海岸城市蒙特里下水,开始她的处女航。这条深海探测船的名字叫深飞1号,它长4米,重1315千克,外形像一个胖鼓鼓的有翼的鱼雷。它在水下航行时,很像一只轻捷迅速的飞鸟。与那些正绕着大洋航行,拖着深海探测器的动作迟缓的潜艇相比,深飞1号就像一架水中的F16战斗机。它能做特技飞行,比如横滚等,还能与快速游动的鲸群赛跑,或垂直跳出水面,驾驶人员可以从舱中看到舱外的一切。它可以在水面上飞行,也可以潜到1000米以下做各种科学考察活动。

总之，海洋是21世纪的希望，在科技发达的今天，人类应该将目光放在海洋上。当然，只有保护海洋，珍惜海洋以及资源，海洋才乐意做出它的贡献。

海洋杀手——赤潮

1998年9月18日和19日，中国海监B-3807飞机在渤海锦州东部海域上空执行巡航监视任务时发现大面积海水水色异常现象，海洋执法监察部门已组织力量赶赴现场进行调查、分析。根据现场调查和海监飞机的跟踪监视以及卫星遥感图像分析，确认此次水色异常现象为赤潮，面积约3000平方千米，并正在向渤海中部发展，速度较快，对海洋生态环境将产生一定影响。

水域中一些浮游生物暴发性繁殖引起的水色异常现象称为赤潮，它主要发生在近海海域。在人类活动的影响下，生物所需的氮、磷等营养物质大量进入海洋，引起藻类及其他浮游生物迅速繁殖，大量消耗水体中的溶解氧量，造成水质恶化、鱼类及其他生物大量死亡的富营养化现象，这是引起赤潮的根本原因。由于海洋环境污染日趋严重，赤潮发生的次数也随之逐年增加。香港海域近年就发生了历史上最严重的一次赤潮。由于赤潮的频繁出现，海区的生态系统遭到严重破坏，赤潮生物在生长繁殖的代谢过程和死亡的赤潮生物被微生物分解等过程中，消耗了海水中的氧气，鱼、贝因此窒息而死。另外，赤潮生物的死亡，促使细菌大量繁殖，有些细菌能产生有毒物质，一些赤潮生物体内及其代谢产物也会含有生物毒素，引起鱼、贝中毒病变或死亡。

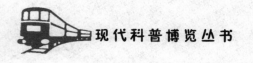
潮汐——海洋的呼吸

生活在海边的人都知道海水有一种交替往复、永不停息的小涨落运动。海水这种有节奏的周期性的涨落运动就是"潮汐",法国文学称之为"大海的呼吸"。科学地讲,潮汐是海水在月球和太阳引力作用下所发生的周期性运动。我们把海面周期性的涨落叫潮汐,海水周期性的水平流动称为潮流,潮流与海流不同之处就在于潮流具有严格的周期性。

很早以前,人们就注意到海水的潮来潮往很有规律性;初一、十五涨大潮。通常,地球上绝大部分地方的海水每天出现两次高潮和两次低潮,这种潮汐称为"半日潮"。有些地方,两次高潮与两次低潮的潮差很大,涨落时间不等,称为"混合潮"。有的地方一天只有一次高潮和一次低潮,高潮和低潮大约相隔12小时25分,称为"全日潮"。掌握了潮汐的规律,对海边人民的生活有很大帮助。

潮汐的这种规律性与日月起因是分不开的。我国早在《山海经》中就说潮汐与月亮有关.17世纪后期牛顿发现了万有引力定律,即宇宙中的一切物体都相互吸引。地球、月球、太阳三者当然也不例外。潮汐就是月球和太阳对地球的引潮力作用引起的。在这一系统中,由于月球(又称太阴)离地球远较太阳近,故其质量虽小,但它产生的引潮力比太阳大得多,是它的两倍左右。

在地球——月球系统中,地球受到两个力的作用:一是月球对它的引力,二是地球自转、绕日公转和绕地月系中心转动时产生的惯性离心力,这两个力结合产生合力。这种合力就称为"月球引潮力",在引潮力的作用下导致海水运动形成潮汐。合力的两个分力就像四边形的两条边,中间有一个夹角,四边形的对角线就是"引潮力"。可以想象,当地月位置变化时,夹角也变化,对角线合力就变化。在向着月球的地方,月球的引力大于离心力。引力起主导作用,此时出现高潮;在背月的地方,离心力大于地球的引力,离心力起主导作用,也形成高潮,因此在高潮带之间的广阔海域,由于海水流向高潮区,水面下降,相对出现低潮。因为地球对着地球自转一周为24小时50分,这段时间内,某一海区就要经过向着月球和背着月球各一次出现两次高潮。

当然,除了月球引潮力,太阳对地球也有引潮力。虽然较前者小得多,但其力学过程都是一样的。因为天体运动都有周期性和规律性,所以在月球和太阳的共同作用下,海洋潮汐就很有规律性,每逢农历初一、十五时,太阳、月球和地球三个天体差不多在同一条直线上,月球与太阳的引潮力几乎作用于同一个方向,两者的合力最大,此时海水受到的引潮力最大,因此这会海水涨得最高,落得最低,即大潮。到了初八(上弦)、二十三(下弦),太阳、月球、地球三者位置形成直角,此时太阳引潮力和月球引潮力两者合力最小,这时潮涨得不高,落得也不低,出现两次最低的高潮和最高的低潮。

潮汐是海洋中常见的自然现象之一。在我国,有闻名中外的钱塘江暴涨潮和深入内陆六百多千米的长江潮。主要是潮流沿着入海河流的河道潮流而上形成的。当潮流涌来时,潮端陡立,水花四溅,像一道高速推进的直立水墙,形成"滔天浊浪排空来,翻江倒海山为摧"的壮观景象。

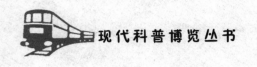
海　岸

人们往往认为,海洋与陆地交界的地方,叫做"海岸线",实际上,这条线是具有一定宽度的"带",全球长达44万千米,能绕地球赤道11圈。这条海岸带不但自然资源丰富,而且是人类活动最频繁的地带,是目前世界经济文化最发达的区域,全球有三分之二的人口居住在这里,有海陆空立体运输系统和转运系统功能。尤其是海上交通,目前共有2300个港口位于海岸带上。

海岸是波浪和潮汐有显著作用的沿岸地带,是海洋和陆地相互作用、相互接触的地带。它的宽度可从几十米到几十千米,一般可分为上部地带、中部地带(潮间带)和下部地带三个部分,上部地带,又称为陆上岸带,一般风浪和潮汐都不可能作用到,是过去因海水作用而形成的阶地地形,受陆上河流的侵蚀和堆积作用,沿岸风的作用形成沙丘,它的特征是海蚀崖、海蚀穴、海蚀阶地和平台。潮间带由海滩和潮滩两部分组成,在这一带是海浪活动最积极、作用最强烈的地带。下部地带又称水下岸坡带,就是过去的海岸,而今已下沉到海水底下的地方,一般从低潮时海水到达的地方算起,到波浪、潮汐没有显著作用的地带。

海岸的类型多种多样,有平坦的,有陡峭的,有坚硬的岩石岸,也有松软的泥沙岸。根据其形成动力、气候等原因,可分为:侵蚀海岸、堆积海岸、冰碛—冰蚀海岸,构造海岸,生物海岸等几种海岸。

侵蚀海岸大都比较陡峭曲折,其形成与波浪、潮汐等活动作用有关,而且与地质构造陆上风化作用有关,它们一般是由比较坚硬的岩石组成的。这种海岸可用来开展海洋养殖捕捞事业,更重要的是可利用来建设海港。

堆积海岸,顾名思义是由一些松散的、软细的砂质组成,如三角洲海岸,有海滩、沙堤、沙嘴等。在一些粉砂质海岸上,往往有大量的贝壳、贝壳皮等组成的贝壳堤,这种堆积岸可用来开辟盐田和围垦土地,也可发展旅游事业,在这里值得一提的是河口三角洲海岸,往往蕴藏着丰富的石油和天然气资源,而且土质肥沃。是重要的农业区。加上它位置独特,位于河流出海处,是水上交通枢纽和海陆交通转运站,极有发展潜力。

生物海岸:在低纬度热带地区,由于某种生物在海岸特别发育而形成的一种特殊海岸,如红树林海岸,郁郁葱葱,其发达的根系根植于海岸的淤泥中将其固定住。还有一种是由漂亮的珊瑚虫组成的珊瑚礁海岸,它们是由大量的珊瑚遗体等形成骨架,再堆积上生物碎屑等,逐渐形成了珊瑚礁。

冰碛—冰蚀海岸:与生物海岸相反,这种海岸是高纬度地区的冰由内陆流入海中携带大量陆源碎屑而形成的特有的冰碛、冰蚀海岸。

构造海岸:由构造作用控制形成的基岩海岸,如太平洋沿岸断层褶皱多平行海岸或火山碎屑堆积岩等海岸。

从海岸的类型可以看出,海岸形成的动因有很多:波浪、潮汐和海流的作用;河流与冰的作用;再有地壳的构造运动;还有生物作用。当然,有些海岸的成因并不是单一哪一种作用形成的,而是几种动力联合作用的结果。

太平洋海底火山

太平洋海底有许许多多火山,是地球上火山最多最密集的地方。海底火山的分布和喷发环绕太平洋的是个火山带,从阿拉斯

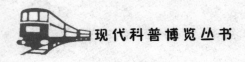

加向西经阿留申群岛、日本列岛、中国台湾岛、菲律宾到新西兰，一共有370座活火山，占全世界活火山总量的75%。太平洋中部有一条火山链，即从勘察加半岛经帝王群岛、夏威夷群岛，向南一直到土阿莫土群岛，长度有1万多千米，这一连串的海岛都是火山岛。太平洋西部海底有许多分散孤立的海底火山，就像天空中的繁星一样，布满了西部海底。据调查，太平洋的海底火山有1万多座。

在水较浅、水压力不大的情况下，海底火山喷发时甚为壮观，产生大量的气体(主要是来自地球深部的水蒸气、二氧化碳)及一些挥发性物质，还有大量火山碎屑物质及炽热的熔岩喷出，在空中冷凝为火山灰、火山弹、火山碎屑。

日本附近的海底火山

日本附近的海底火山是爆炸性的海底火山。伊豆诸岛南面的明神礁是一座海底火山，1952年9月17日的一次爆发，水蒸气和硫磺气构成的气柱有几百米高，喷出的火山熔岩和碎屑堆成高出海面90米的火山岛。1953年8月，它再次猛烈爆发，将直径2000米的火山岛全部毁灭。此后，这座火山时有喷发、爆炸，火山岛也时现时没。

日本小笠原岛的海底火山活动十分剧烈。从1973年4月开始，它就在水深100米的海底爆发，使海水变黄，海面冒烟、喷火、喷水、喷碎石。它每隔几分钟喷发一次，喷出的火山碎屑可高达200米，烟柱有1500米高，而后逐渐从海底长出一个火山岛。

日本鹿儿岛海湾东面的樱岛火山，是至今仍在喷发的活火山。它原先也是海底火山，在3000年前开始爆发，时喷时停，到

1914年为止,喷发的大量海底熔岩流使火山与陆地相连。鹿儿岛海湾就是由几个火山口连通而成的。实地考察时,只见火山频频爆发,吼声隆隆,山体颤动,黑烟滚滚,呈蘑菇云状上升,继而,黑烟弥漫,笼罩了山顶两个火山口,而后固体喷发物——火山灰、火山砂、火山渣喷出,散落在火山四周。当时,观察者的衣帽、脸、颈、全身均会落满火山灰,像从烧砖瓦的窑中出来似的。鹿儿岛火山至今仍频繁爆发,沿山坡堆积了大量火山灰、砂、碎屑,一旦暴雨来临,就可能发生泥石流。

夏威夷群岛海底火山

作者曾去夏威夷岛考察火山活动,当时住在瓦胡岛的檀香山市,清晨赶到飞机场,搭乘早班飞机去夏威夷岛。

飞机大约飞行了1小时到达夏威夷岛,这是群岛中最大的岛屿,也称大岛。它有两座活火山在喷发,基老洼火山,海拔1247米,冒纳罗亚火山,海拔4169米。火山喷发时,岩浆从火山口中流出,像从炼钢炉中倒出的铁水一样,灼热红亮的岩浆流顺着山坡向下漫流,吞没田野,推倒树木和房屋,所到之处一片火海。

当时是1991年5月,恰逢基老洼火山1990年喷发的后期,只见一片燃烧的"铁水"在山峦之间缓缓流动。更为壮观的是熔岩流从海边悬崖倾流入海,成为灼热耀眼的"铁水"瀑布,岩浆冲入海水中,激起一阵阵沸腾的蒸汽柱,直冲云霄,带着硫黄味的腾腾烟雾,一直弥散到几千米以外。此情此景,令人终生难忘。

与日本附近的海底火山不同的是,夏威夷海底火山喷发是一种宁静式的,大量熔岩流从火山口流出,像一条火龙沿海底流动,沸腾的海水喷出一股股强劲的蒸汽柱。

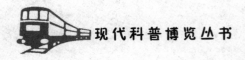

夏威夷群岛是太平洋中部火山链中的一部分，它是由于海底火山喷发，火山不断扩大加高，终于露出海面而形成的火山岛，岛屿四周海底深5000米，而岛上的火山顶可达海拔4000多米，也就是说这座火山总高度达到9000米。在夏威夷岛上观察研究火山，就像直接观察海底火山喷发活动一样，给人们一个十分难得的机会。

1996年夏天，当作者再去夏威夷时，基老洼火山的熔岩流活动已经停息，新的乌黑的熔岩盖在原来的柏油马路上，将公路切断。山坡上茂密的灌木丛，被一道道的熔岩流覆盖。新凝结的熔岩使地面十分崎岖难行，一些被推倒的柳树斜插在凝固的岩浆中，地面上清晰地保留着熔岩流动时的各种形态。

在火山区域，地面到处冒着热气，国家火山公园的广告牌上说明，火山口区域地下温度在400℃以上。下雨降下的地面水汇入裂隙，土中温度将水烤成蒸汽向外冒出。在硕大的火山口洼地中，前后左右无数支蒸汽柱从地下喷向空中，人们步行其中，如腾云驾雾。

新能源"可燃冰"

"冰"怎么会"可燃"？即使是二氧化碳在超低温状态下形成的"干冰"也不可燃。但确有"可燃冰"存在，它是甲烷类天然气被包进水分子中，在海底低温与压力下形成的一种类似冰的透明结晶。据专家介绍，1立方米"可燃冰"释放出的能量相当于164立方米的天然气释放的能量。目前，国际科技界公认的全球"可燃冰"总能量，是所有煤、石油、天然气总和的2~3倍。美国和日本最早在各自海域发现了它。我国近年来也开始对其进行研究。

"可燃冰"的主要成分是甲烷与水分子$(CH_4 \cdot H_2O)$。它的形成与海底石油、天然气的形成过程相仿，而且密切相关。埋于海底地层深处的大量有机质在缺氧环境中，厌气性细菌把有机质分解，最后形成石油和天然气(石油气)。其中，许多天然气又被包进水分子中，在海底的低温与压力下又形成"可燃冰"。这是因为天然气有个特殊性能，它和水可以在温度2～5摄氏度内结晶，这个结晶就是"可燃冰"。

　　有天然气的地方不一定都有"可燃冰"，因为形成"可燃冰"除了压力主要还在于低温，所以一般在冻土带的地方较多。长期以来，有人认为我国的海域纬度较低，不可能存在"可燃冰"，而实际上我国东海、南海都具备生成条件。

　　东海底下有个东海盆地，面积达25万平方千米。经20年勘测，已探明盆地具有1484亿立方米天然气。尔后，中国工程院院士、海洋专家金翔龙带领的课题组根据天然气水化物存在的必备条件，在东海找出了"可燃冰"存在的温度和压力范围，并根据地温梯度、结合东海地质条件，勾画出"可燃冰"的分布区域，计算出它的稳定带的厚度，对资源量做了初步评估，得出"蕴藏量很可观"结论。这为周边地区在将来使用高效新能源开辟了更广阔的前景。

造福人类的海洋资源卫星

　　资源卫星，是勘测和研究地球自然资源的卫星。它能"看透"地层，发现人们肉眼看不到的地下宝藏、历史古迹、地层结构；能普查农作物、森林、海洋、空气等资源；能预报和鉴别农作物的收成以及考察和预报多种严重的自然灾害。资源卫星分为陆地资

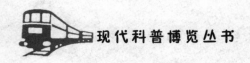
源卫星和海洋资源卫星两种。那么,海洋资源卫星是怎样工作的呢?

海洋资源卫星利用其装载的多光谱遥感设备,获取地物目标辐射和反射的多种波段的电磁波信息,把这些信息发送给地面站。地面站接收了卫星信号后,根据事先掌握的各类物质波谱特性,再对这些信息处理、判读,从而得到各类资源的特征、分布和状态等资料。地面上所有物体都在有规律地反射、吸收和辐射电磁波,这在物理学上被称为光谱特征。每种物体在不同光谱频段下的反射是不一样的,掌握了物体的光谱秘密,再利用卫星上的遥感仪器把测到的信息一一对照,人们就可以免去实地一一勘测之苦而知其全貌了。

海洋资源卫星一般采用太阳同步轨道运行,这能使卫星的轨道面每天顺地球自转的方向转动1度,与地球绕太阳公转每天约1度的距离基本相等。这样既可以使卫星对地球的任何地点都能观测,又能使卫星在每天的同一时刻飞临某个地区,实现定时勘测。

美国夏威夷群岛上的居民一直找不到充足的淡水,人们求助于海洋资源卫星来帮忙。通过研究海洋资源卫星提供的图片,专家们发现某些岛屿沿海处的温度辐射比周围要低10℃。根据图片坐标去实地勘探,结果发现那里竟是地下淡水的入海处。就这样,海洋资源卫星一下子为夏威夷人找到了200多处地下淡水源。

世界上的第一颗海洋资源卫星是美国于1978年6月发射的,名叫"海洋卫星-1"号。它装有5种遥感传感器,可在各种天气里观察海水特征,测绘航线,寻找鱼群,测量海浪、海风等。美国用这颗卫星拍摄的图片,绘制了世界三大洋的海底地形图,为人类发展海运、开发海洋提供了宝贵的资料。

中国第一颗海洋卫星"海洋一号A"为海洋水色卫星,于去年

5月15日上天至今已运行了1年多,其应用成效十分显著。

"海洋一号A"卫星及地面应用系统1年多来,累计接收、处理观测数据1020多次,观测范围覆盖中国海域以及南太平洋、印度洋、阿拉伯海、大西洋、墨西哥湾,澳大利亚、南极大陆、巴西、伊拉克等海域和地区,获得了大量的有关信息。

海洋卫星已纳入中国海洋立体监测体系,"海洋一号A"1年来在海洋环境污染监测、海洋环境和灾害预报、海洋资源开发和海洋科研等领域的业务化运行,取得了一系列重大成果。

"海洋一号A"卫星的成功发射与运行,为海洋卫星系列化发展奠定了技术基础,标志着中国海洋卫星遥感与应用技术迈入一个崭新阶段。

从长远角度考虑,中国要保证有效维护国家海洋权益,合理开发利用海洋资源,切实保护海洋生态环境,实现海洋资源、环境的可持续利用和海洋事业的协调发展,建设海洋强国,必须推进海洋卫星研制、发射、应用的连续性和系列化。

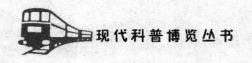
二、太空篇

"神六"上的筋斗云

　　截至 2005 年 10 月 14 日 16 时,神舟六号飞船已进入太空 55 小时,两名航天员在太空目睹了 36 次日出日落。神舟六号飞船升空后,以每秒约 7.8 千米的高速飞行,两名航天员已在太空飞行了约 151 万千米。这时,航天员费俊龙当天早晨在返回舱中清理胡须的镜头,非常完整地出现在地面控制中心的大屏幕上。有条理地刮完胡须以后,费俊龙对着镜子露出很满意的神情。

　　20 分钟后,更精彩的一幕开始了:费俊龙半蹲在地上,用双手撑住船舱地上的两个固定物,然后伸展双腿,稍微打开身体,突然向前用力,完成了中国人在太空中的第一个前滚翻 1 2 分钟后,费俊龙又翻了第二个筋斗,姿态非常协调。另一位航天员聂海胜一直在为他拍照,费俊龙看了聂海胜的 DV 机。好像对拍摄的角度不太满意,又让聂海胜把摄像机尽量往远处放。接下来,费俊龙又接连翻了两个筋斗,而且动作一个比一个熟练。费俊龙在完成了第四个前滚翻后,向摄像头挥手致意。

　　后来,费俊龙回忆说:"这 4 个筋斗事先没有设计,我们是即兴的。"因为当时我们也适应了太空生活,从自我的感觉上、身体的适应上，我们感觉到可以做一些简单的活动。所以当时我跟海胜说，我们应该做一点，录下来，作为一种资料。以后给全国人民播放的时候，也可以看到我们太空生活的一些方面。

在失重的空间里要抑制住自由漂浮的愿望，或许是件困难的事。之前的太空实验完成后，航天员便放开手脚，尽情享受摆脱地球引力的自由。据估计，费俊龙翻这4个筋斗大约用了3分钟，以神舟六号每秒7.8千米的速度，他一个筋斗就翻了大约351千米。

古籍中的天文秘密

如果说近代以来发现的很多天文知识，早在很久以前古人就已经掌握了，你可能会不相信，但这有可能是事实。很久以前，西方人都根据基督教教义认为，地球是宇宙的中心，自己不转动，太阳和其他星星都围绕着地球公转。

在哥白尼之前，中世纪一位天文学家首先提出了地球围绕太阳旋转的观点，但他却说："我是在读了古人的书之后，才有地球是运动的这种看法。"他到底读的是什么书呢？我们已经无法得知了，但如果真的有这本书，就说明古人比近代人更早发现地球围着太阳转。但是有人会怀疑其真实性，因为当时的科学家，为了逃避教会的迫害，经常把和教义有矛盾的重要发现，都假托成先人的观点。

而在几个世纪以前，东欧就有学者声称自己也见到过同样内容的古籍，里面说地球是一个圆形的球体。另外，犹太人的一部古书中也说道：人类所居住的大地，其实像球一样在旋转着。当某一地区是黑夜时，其他地区就是白昼。当有些人在迎接黎明

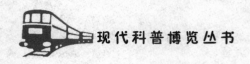

时,有些人正笼罩在黑夜中。奇怪的是,犹太古书好像也在转述更远古的文献。不过,这一说法只能说明地球是在进行自转运动。

18世纪时,据说有一位作家在研究古代文献时,得知火星有两颗卫星,于是将这一发现公之于众。但是直到100多年后,天文学家才在火星的周围发现了两颗卫星,而且这两颗卫星运转的规律与周期,竟然与所谓的古文献中的描述几乎一样。

然而,这些记载于古文献中的知识是从哪里来的呢?知识的主人又到哪里去了呢?这到底是真的科学史实,还是无意中的巧合,甚或是后人的臆断与附会?

开普勒站在了第谷的肩膀上

1560年,天文学家预告8月21日将有日食发生。正在大学读书的丹麦人第谷对那些天文学家的神机妙算很是佩服,从此之后,他一直坚持不懈地进行天象观测和研究。1600年,第谷由于身体原因,再也不能爬起来工作了,因此急忙从德国招来一个青年继承他的事业,这个幸运的年轻人就是开普勒。

1601年,第谷老人身体彻底不行了。那天他费力地睁开眼睛,对守护在他身边的开普勒说:"我这一辈子没有别的企求,就是想观察记录一千颗星,但是现在看来已不可能了,我一共才记录了750颗。这些资料就全部留给你吧,你要将它编成一张星表,以供后人使用。为了感谢支持过我们的国王,这星表就以他的名字,尊敬的鲁道夫来命名吧。"

第谷让开普勒更凑近些:"不过你必须答应我一件事。你看,这一百多年来人们对天体运行以及天文现象的解释众说纷纭,各有体系。我知道你也有你的体系，这个我都不管。但是你在编制星表和著书时，必须按照我的体系来。"开普勒心中突然像被什么东西敲击了一下，但他还是含着眼泪答应了老人的请求。老人听见了他的承诺便溘然长逝。开普勒痛哭流涕，并暗暗发誓，一定要完成第谷生前的愿望。

在第谷工作的基础上，开普勒经过大量的计算，编制成《鲁道夫星表》，表中列出了1005颗恒星的位置。这个星表比当时的其他星表要精确得多，几乎没有改变地一直流传到今天。后来，开普勒经过长期坚持不懈的努力，终于提出了开普勒定律，使那杂乱的行星们，顿时在人们眼里显得井然有序起来。开普勒后来被人们誉为"天空的立法者"。

牛顿说，自己是站在巨人的肩膀上才获得了成功开普勒也是这样。

哥白尼引发了天文学革命

在15世纪以前，人们普遍认为地球是静止不动的，是世界的中心，而且这个学说早已成为基督教教义的支柱，哥白尼(1473～1543年)却发现，地球只是地月系的引力中心和轨道中心，并不是宇宙的中心。

哥白尼建立起了一个新的宇宙体系，说太阳居于宇宙的中心，太阳是静止不动的，而包括地球在内的所有天体都围绕太阳转动。

哥白尼用了将近40年的时间，去测算、校核、修订他的学说。但是，他迟迟不愿将自己的著作《天体运行论》公开出版，因为担心强大的教会势力会对他进行残酷打击。

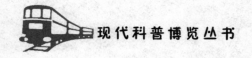
最后，哥白尼还是听从了朋友们的劝告，将他的手稿送去出版。当时，哥白尼已重病在身，于是委托一名教士代为办理出版工作。为了使这本书能安全发行，教士假造了一篇无署名的前言，说书中的理论不一定代表行星在空间的真正运动，不过是人为想出来的一种设计。在半个多世纪的时间里，这篇前言骗过了许多人。直到布鲁诺和伽利略公开宣传日心说，罗马教廷才开始注意这本书，并于1616年把它列为禁书。然而经过开普勒等人的工作，哥白尼的学说不断得到令人信服的证明。

1757年，罗马教廷取消了对哥白尼日心说的禁令。1759年哈雷彗星的出现以及1846年海王星的发现，使哥白尼的日心说经过300年的发展，从假说变成了被证实的学说。到1822年，各天主教大学已经可以自由讲授哥白尼和伽利略的理论——地球是绕太阳转动的！

哥白尼的学说，相对科学地阐明了天体运行的现象，并从根本上实现了天文学与宗教的脱离，使科学的发展从此得以大踏步前进。

布鲁诺被烧死

意大利人布鲁诺自幼好学，本来是个虔诚的天主教徒，一接触到哥白尼的《天体运行论》，便摒弃了宗教思想，只承认科学真理，并为之奋斗终生。而且，他大大丰富和发展了哥白尼学说，提出了宇宙无限的思想：宇宙是统一的、物质的、无限的和永恒的。在太阳系以外，有无数的天体世界。人类所看到的只是无限宇宙中极为渺小的一部分，地球只不过是无限宇宙中一粒小小的尘埃。布鲁诺指出，千千万万颗恒星都如同太阳那样巨大而炽热，它们的周围也有许多像我们地球这样的行星,行星周围又有许多卫星……

由于宣传这些在当时人们看来非常异端的天文知识,布鲁诺成了宗教的叛逆,不得不长期在欧洲各国逃亡。1592年初,布鲁诺落入了教会的圈套,被捕入狱。

在宗教裁判所里,教会向他许诺:"只要你公开宣布放弃日心说,就免你一死,并且给你足够的生活费安度晚年。"布鲁诺说:"你们不要白费力气了,我是不会为了讨好罗马教皇而说谎的。"此后,布鲁诺度过了长达八年的监禁生活,其间受尽折磨,并最终被判处火刑。

布鲁诺被绑在罗马鲜花广场中央的火刑柱上,到了这时,他仍然没有屈服。行刑前,布鲁诺庄严地宣布:"黑暗即将过去,黎明即将来临,真理终将战胜邪恶!"52岁的布鲁诺在熊熊烈火中英勇就义。

随着科学的发展,布鲁诺的学说被证明是正确的。到了1889年,罗马宗教法庭不得不亲自出马,为布鲁诺平反并恢复名誉。同年6月9日,在布鲁诺殉难的罗马鲜花广场上,人们竖立起他的铜像,以作为对这位为真理而斗争、宁死不屈的伟大科学家的永久纪念。

发 现 光 速

对于现代天文学来说,光速是最为基础的测量单位。我们现在都知道,光速是有固定数值的,但光的速度是不是一个有限值,这在历史上曾是一个引起巨大争议的问题。1607年,伽利略第一次尝试测量光速。一天夜里,他和助手分别站在两个山头上,每

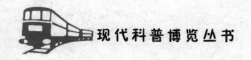

人拿一盏灯,灯有开关。伽利略在某个时刻打开灯,并开始计时,助手看到灯光后马上打开自己的灯。当伽利略看到对方的灯光时,就停止计时。伽利略试图测出从他开灯到他看到助手开灯之间的时差,从而算出光速。但是因为光的传播速度实在太快,这个实验失败了。我们现在知道,光速很快,1/7秒能绕地球一周多,靠当时的条件,用伽利略的方法测光速,是难以实现的。于是,人们把测光速的场地移到了太空。

在伽利略去世后约30年,1676年,丹麦人罗麦指出光速是有限的。罗麦在对木星的观测中发现,卫星由于木星的遮掩造成的卫星食,周期有些不规则。它随着木星和地球之间距离的不同而变长或变短。罗麦认识到这是由于在长短不同的路程上,光线传播需要不同时间。

1862年,法国科学家傅科发明了旋转平面镜的测量方法,利用光线的反射,通过调整平面镜的速度,就能测算出光的速度。迈克尔逊继承了傅科的实验思想,改良了傅科的测量方法,通过旋转八面棱镜法,测得光速为299796千米/秒。

爱因斯坦说过,物体运动速度越接近光速,相对于别的物质来说,它的时间流逝得就越慢。一旦物质的运行速度等于光速,时间就会停止流逝。当然,理论上说,要是真的超过光速了,这个物质的时间就会出现倒流。但是现在,科学家还不能实现超光速。

伽利略受迫害

1597年,伽利略收到开普勒赠阅的《神秘的宇宙》一书,开始相信日心说,承认地球有公转和自转两种运动。1604年,天空出现超新星,亮光持续了18个月之久。伽利略便趁机在威尼斯作了几次科普演讲,宣传哥白尼的学说。由于讲得精彩动听,听众逐次增多,最后达千余人。1615年,一些教士集团控告伽利略违反基督教教义,教皇下达了"1616年禁令",禁止伽利略以口头或文字的形式保持、传授或捍卫日心说,公开压制他。

1624年,伽利略第四次去罗马,试图说服一些大主教,但毫无效果。此后的6年间,他撰写了《关于托勒密和哥白尼两大世界体系对话》一书。此书终于在1632年出版了,但是出版后6个月,罗马教廷便勒令停止出售,认为作者公然违背"1616年禁令",问题严重,亟待审查。1633年初,年近七旬的伽利略在严刑威胁下被审讯了三次,但是他坚持不招供。

教会由于拿不到充足的证据说明伽利略是"异端犯",只好把他判为"异端嫌疑犯"。判词中说:伽利略有重大异端嫌疑,应该被判处火刑。只有放弃错误和邪说,在我们面前,真心诚意地按照给你指定的方式,拒绝、诅咒、痛恨错误和邪说,我们才允许你免受火刑。伽利略为了免于被烧死,不得不当众诵读了悔过书。1633年的判决以后,伽利略永远失去了自由。

1642年,伽利略病逝。但是随着科学的不断发展,罗马教廷不得不先在1882年承认了哥白尼的日心说,又于1979年承认在300多年前迫害伽利略是个严重的错误。

苹果落地带来了大发现

长期以来,牛顿认为一定有一种神秘的力存在,是这种无形的力拉着太阳系中的各个行星围绕着太阳旋转。但是,这到底是怎样的一种力呢?

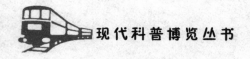

　　1666年的秋天,研究了一天的牛顿感到有些疲倦,想休息一下。于是,他信步来到自家的苹果园里,坐在一棵苹果树下,这时一个苹果恰好从树上落下来。他忽然想到,为什么苹果总是垂直落向地面呢?为什么苹果不向外侧或向上运动,而总是向着地球中心运动呢?

　　牛顿判断,可能是因为地球有种无形的力量向下拉着苹果,所以苹果总是垂直下落,或者说总是朝向地球的中心。苹果向着地球,也可看成是地球向着苹果,物体和物体之间是相互面朝着对方运动的。物体之间的作用力,和它们的质量,必须是成正比的。这个力,就是我们后来所称的万有引力。通过初步的研究后,牛顿产生了一个大胆的科学假设:地球不仅吸引着苹果,也吸引着地球表面上的一切物体,而且它还吸引着遥远的月亮和其他星体。他认为这种吸引力可以到达很遥远的地方,随着距离的增加,吸引力会逐渐减弱。

　　为了证实自己的假设,牛顿仔细地研究月亮的运动。牛顿认为,月亮在不停地运动,由于惯性的缘故,它时刻都有可能摆脱地球。然而,地球对于月亮具有一种吸引力,就像一根无形的绳子拉住了月亮,使它不能摆脱地球,而只能乖乖地在目前的轨道上围绕着地球运行。

　　就这样,牛顿通过大量研究,充分证明了引力作用并不是地球所独有的。宇宙间所有的物体,无论是巨大的星体,还是微小的尘粒,都是相互吸引的。牛顿的这一伟大发现,不但很好地解释了当时的许多疑难问题,而且对以后的科学发展,直至现代的天体物理和宇宙航行研究,都具有非常重大的意义。

梦中发现的哈雷彗星周期

1682年,英国天文学家哈雷正在进行南天观测,天空中突然出现了一颗巨大的彗星。

当人们都茫然失措、心中充满着无尽的恐惧时,哈雷却连夜对这个一生中差不多只能见到一次的怪物进行观察,获得了更直接更详细的观察资料。哈雷一直有一种直觉——他正在研究中的3颗彗星应该是同一颗,但找不到十分可信的证据。

在1684年春天的一个晚上,哈雷躺在床上思考着彗星的问题,不知不觉就睡着了。迷迷糊糊之中,哈雷突然看见那三颗彗星像三个小人一样蹦蹦跳跳地走到他的面前,一边走似乎还在一边哼着歌。快到眼前的时候,三个小人突然站住不动了,并且迅速排成一排,忽然又快速变成一个三角形。

哈雷醒来后,梦中的三个小人一直在脑海中盘旋,那个清晰的三角形,印象是那么深刻。于是,哈雷立刻把彗星出现的年份按三角形排列出来,顿时惊呼道:"我终于发现了,我发现彗星的规律了。"原来,三个年份1531、1607、1682分别间隔了76年和75年。为了证实梦中启发的规律,哈雷又开始分析更早的彗星历史资料,果然又发现每隔75年或76年就有一颗明亮的大彗星出现。

1720年,哈雷正式公开宣布自己的发现:人们于1682年观测观察到的那颗大彗星,实际上就是1607年出现的彗星的又一次回归。最后,他还预言:这颗彗星将于1758年底或1759年初重新出现在人们眼前。果然,1758年12月25日,圣诞之夜,哈雷彗星如期而至……

哈雷的预言震动了整个欧洲,哈雷梦中的奇遇更让科学界的人们一直津津乐道。

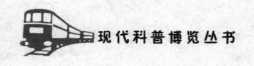

哈雷和牛顿互相求教

1684年,年轻的天文学家哈雷去拜访牛顿。当时,哈雷在研究彗星轨道,他非常奇怪,为什么彗星的轨道是非常扁的椭圆形,与其他星体大不相同?

哈雷来到牛顿家中,发现在牛顿房间的墙上悬挂着一幅《太阳系图》,图的中间是太阳,四周画着水星、金星、地球、火星、木星、土星六大行星,以及它们绕着太阳公转的轨道。有的行星旁边还画着卫星。这就是当时人们所能够知道的太阳系的全体成员。牛顿热情地欢迎他:"我很高兴见到您。我正有个困惑的问题要向您求教呢!"哈雷吃了一惊:大名鼎鼎的牛顿竟会向我求教!他恭敬地站着说道:"尊敬的牛顿先生,我是因彗星的问题来向您求教的。我怎么能解答您感到困惑的问题!"

"你在研究彗星?很好!不过我想我们还是先谈谈行星吧。我们已经知道,行星都是围绕太阳公转的。"牛顿指着墙上的《太阳系图》说,"不过我们仍然不了解,为什么行星不会脱离太阳,飞往更遥远的空间呢?"哈雷心想,这个问题很简单啊,便说这可以用牛顿的万有引力理论解释。那么,牛顿又说,"太阳为什么不把行星吸引到自己身上,也像地球吸引苹果一样呢?"哈雷沉思了一会儿,摇了摇头。

最后,他们把话题转到彗星上面。牛顿说:"哈雷先生,请您再想一想,您所要研究的彗星,不也是太阳吸引过来的吗?可是它并不会跌到太阳上面去,而也有它自己的轨道。我们能不能算出它的轨道呢?"牛顿的话虽然没有直接解答哈雷提出的问题,但是给了哈雷很大的启发。从此以后,哈雷便全身心地投入到引力问题的研究之中,进行了种种复杂的计算。他后来的研究,对牛顿也有所启发和帮助。

百年不遇的金星凌日

金星凌日的天象是十分罕见的，从 1882 年 12 月 6 日发生后，到 2004 年 6 月 8 日才再次出现，整个 20 世纪中没有发生过一次！所谓金星凌日，就是金星从地球与太阳之间经过，人们在地球上可见到一个小黑点徐徐穿过太阳表面。天文学中，往往把相隔时间最短的两次金星凌日现象分为一组，这两次凌日现象间隔 8 年，但两组之间的间隔却长达 100 多年。幸运的是，在 2012 年 6 月 6 日，我们看到本了世纪最后一次金星凌日！

1761 年的凌日观测过程中，俄国著名学者罗蒙诺索夫将望远镜对准太阳，仔细观察了金星在日面的移动现象，见到金星进入和离开日面的时候，日面圆边都会抖动一下，由此他意识到这是金星存在大气的表现，断言金星四面被大气包围着。他因而成为了第一个发现金星上有大气存在的人，这也是人类首次知道其他行星也有大气存在。

同时，一位名叫勒让提的法国天文学家为了观测金星凌日，不远万里来到印度。6 月 5 日，他在印度洋上的一艘船上进行了观测。由于风浪较大，船晃动得非常厉害，他得到的观测资料没有任何科学价值。勒让提没有灰心丧气，他知道 8 年后还可以看到下一次凌日，于是就耐心地等待。终于，1769 年 6 月 3 日到来了，可就在金星走进日面前的十几分钟，天上突然下起了大雨，把勒让提浇得像个落汤鸡。等雨停了，凌日也已结束了。这意外的打击使他心灰意冷，一度病倒在床，幸亏当地居民悉心照料，才使他逐渐好起来。1771 年，当勒让提两手空空返回故土时，惊讶地发现亲属们已瓜分了他的财产，连科学院院士的位置也被他人补缺了。

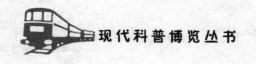
发 现 小 行 星

很多年以来,科学家们在研究太阳系里各个行星的轨道时,发现了一个有趣的现象:行星并不是随随便便散落在太空的,而是非常有规律地分布在太阳的周围。行星们似乎是在排队一样,彼此之间的距离都成一定的比例。

1766年,德国有一位中学教师提丢斯,发现当时已知的水星、金星、地球、火星、木星和土星这6颗行星与太阳的平均距离有一定的规律,它们可以用有趣的数列来表示。如果把水星距太阳之间的平均距离看作是1个单位,那么金星与太阳之间的平均距离就是1+3/4个单位,地球与太阳之间的平均距离是1+6/4个单位;火星是1+12/4;木星是1+48/4;土星是1+96/4。对这个数列,如果我们仔细地观察,就会发现,每项后面的数都是前项后面数的两倍,但是火星和木星之间,却是四倍!于是,科学家们推测,在火星和木星之间,肯定还有一颗行星存在着!

天文工作者对火星和木星之间进行了大量的观测,直到1801年1月1日,意大利的天文学家终于发现了这颗躲藏起来的小行星!天文学家们在高兴之余,却仍然感到有点失望,因为这颗行星出奇的小,和其他的行星根本不能同日而语。一年之后,惊奇的事情发生了,德国人又发现了第二颗小行星。

随后,第三颗、第四颗小行星先后被发现……在整个19世纪,天文学家们共发现了400颗以上的小行星。而随着科学技术的发展,到目前为止,天文学家发现的小行星已经有2000个以上!原来,在火星和木星之间,存在着一个小行星数量众多的小行星带。

业余研究者发现天王星

英国天文学家赫歇尔从小过着非常贫穷的生活，长大后一度以演奏音乐谋生，收入十分微薄，只能勉强糊口度日。

1774年的夏天，赫歇尔和他的弟弟妹妹一共三人，组成了家庭望远镜制作"工厂"。三个人劲头十足，分工合作，开始了自制望远镜的工作。赫歇尔在宫廷中的演奏结束后，一回到家，便马上换上工作服进行他的镜面磨制工作。他不分寒暑地磨制镜面，时常磨到饥肠辘辘也不肯停手，就让妹妹给他喂饭吃，疲倦了，就让妹妹在一旁为他朗读小说。他就是以这种努力不懈的精神，在贫困的生活中始终坚持磨制镜面。1776年5月1日，一架2米长的反射望远镜在他们三人的苦战中诞生了！

接下来便是第二步计划了，是要坚持天天进行天文观测。赫歇尔非常珍惜每一个可以进行观测的晴夜，常常是整夜地观测，到了第二天，还得拖着疲惫的身体到宫廷去演奏，以便换来日常生活费用。晚上不管回来多晚，只要天气晴好，他总是要打开望远镜，继续进行观测。妹妹始终跟在哥哥身边做观测记录，白天则进行整理归算。弟弟在哥哥指点下继续做磨制更大镜面的准备工作。就在他们进行巡天观测的第五个年头，一颗从来没有被人们发现过的新星出现在赫歇尔的望远镜里。

这颗新星就是后来人们非常熟悉的天王星。但在当时，人们却一直认为，土星就是太阳系的边界，金木水火土，外加地球，就是太阳系六大行星的全部！因此，天王星的发现在当时轰动了全世界，而人们却始终难以相信，这个巨大的发现，是一个没有受过正规教育的，不是以天文研究为正当职业的业余研究者发现的。

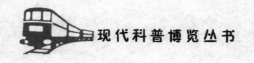

蟹 状 星 云 的 发 现

据我国历史记载,1054年7月,金牛座的天关星附近,出现了一次非同寻常的大爆发。这次大的星际空间爆发事件,留下了一大片形如巨蟹的发光的星云,即天文学界著名的蟹状星云。科学家后来知道,在爆炸以前,那颗恒星(蟹状星云的前身)的亮度一度比太阳亮10倍。现在我们看到的蟹状星云,其实是这次爆炸的遗迹。

蟹状星云的名字来自于爱尔兰天文学家罗斯爵士。在1844年,罗斯爵士通过一架36英寸的望远镜,在金牛座的天关星附近发现这块外形像螃蟹的星云,所以把它叫作蟹状星云。随后科学家发现,蟹状星云的体积在不断扩大,其膨胀的速度高达1300千米/秒!蟹状星云始终发射着迷人的光彩。是什么天体在空中爆发,而产生了如此巨大的一片星云?它是从哪里获得的巨大的能量,近千年来持久不衰地发光,发出射电信号,发出X射线和Y射线?

1968年,科学家在该星云中找到了一颗中子星,并确信这颗中子星就是900多年前那场大爆发的恒星的"残骸"。根据空间轨道天文台的科学家估计,这是由于一个星球的能源耗尽,然后坍塌,再发生爆炸,产生超新星爆炸,最后变成了一颗中子星和一片星云。蟹状星云中央的中子星,被一团光亮的环包围着,这光环由高能量的粒子组成。科学家相信,蟹状星云的最高能量相当于四亿个太阳,在它周围50光年内的星球上,任何生命都会被这高能量消灭,幸而地球位于蟹状星云数千光年之外。

天文学家从这个星云中得出一个明确无误的启示:宇宙中可能产生我们怎么想象都不会过分的巨大爆发事件。

小人物发现海王星

19世纪40年代,科学家们通过计算得出,太阳系中还有一颗很大的行星没有被发现,而且这颗行星是一定存在的!全世界大多数天文学家都在为找出这个暗藏的行星绞尽脑汁。1846年9月23日,德国柏林天文台的老台长加勒收到一封从法国寄来的信,落款是一个陌生的名字:勒维烈。他拿出信来仔细一读,不觉大吃一惊:

"尊敬的加勒台长:请您在9月23日晚上,将望远镜对准摩羯座6星之东约5度的地方,您就会发现一颗新星。它就是您日夜寻找的那颗未知行星。它小圆面直径约3角秒,并且以每天69角秒的速度后退……"

满头银发的加勒读完信后,不禁有点发愣。他心里又惊又喜,是谁这么大的口气,难道他已观察到这颗星了? 不可能。这个不知名的小人物不可能有很好的观察设备,不可能有那么雄厚的技术力量,但是他又怎么敢预言得这样具体呢?

好不容易,加勒和助手们熬到天黑,便赶紧将望远镜对准那个星区,果然发现了一个亮点,和信中所说的位置几乎一样。他眼睛紧贴望远镜,一直看了一个小时,这颗星果然后退了大约3角秒。"哎呀!"这回加勒台长几乎跳了起来。那个陌生人竟预言得分毫不差!大海里的针终于捞到,加勒和助手们狂呼着拥抱在一起。几天后他们向全世界宣布:又一颗新行星被发现!它的名字叫海王星。

哥白尼的日心说创建300年来,一直是一种假说,即使其有百分之九十九的可靠性,也毕竟是一种假说。而当勒维烈依据这个学说所提供的数据,不仅推算出一定还存在一个尚未知道的行

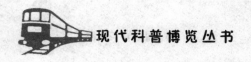

星,并且还推算出了这个行星在太空中的位置的时候,哥白尼的学说就最终被证实了。

惊天动地的通古斯大爆炸

1908年6月30日,印度洋上空晨曦微露。突然,一个巨大的火团从空中坠落下来,这个火团呈圆柱形,喷射出蓝白色的耀眼火光,照得人们无法睁开眼睛。不久,从西伯利亚中部的通古斯地区传来了一声震天撼地的巨响,巨大的蘑菇云腾空而起,天空中出现了强烈的白光,气温瞬间灼热烤人,爆炸中心区草木都被烧焦,70千米外的人也被严重灼伤,还有人被巨大的声响震聋了耳朵。爆炸造成附近居民惊恐万状,而且波及远方的国家。英国首都伦敦的许多电灯骤然熄灭,一片黑暗,欧洲许多国家的人们在夜空中看到了白昼般的闪光;甚至远在大洋彼岸的美国,人们也感觉到大地在抖动……这就是历史上有名的通古斯大爆炸。

科学家们判断,如果这个物体再迟几小时撞击地球,这个爆炸就会发生在欧洲,而不是人口稀少的通古斯地区,这样将会造成更大的人员伤亡。

那么,究竟是什么东西引起了如此巨大的爆炸呢?这个问题深深吸引着现代的科学家。20世纪30年代,苏联科学家曾经发表声明,宣称爆炸是一次巨大的陨星造成的,但他们起初并没有找到陨星坠落的深坑,也没有找到陨石,只发现了数十个大大小小平坦的洞穴,即使把钻头打到土层中进行探测,也没有找到陨石碎片。因此,人们开始意识到,通古斯大爆炸不像是陨石引起的。

二战以后,苏联物理学家卡萨茨夫访问日本后发现,广岛原子弹爆炸后的废墟和通古斯有着众多的相似之处。因此,卡萨茨夫产生了一个大胆的想法,他认为通古斯大爆炸是外星人引起的一场核爆炸。

当然,卡萨茨夫对于通古斯爆炸的见解也仅是一种假设,更多的人还是相信"陨石说"。

星 系 的 发 现

17世纪,望远镜发明了,让人们可以看清更遥远的物体。用望远镜来观测天空,人们又陆续观测到一些云雾状的天体,开始以为它们都是气体云,而且和恒星一样是银河系内的天体,所以称之为星云。到了18世纪,德国的天文学家康德等人猜测这些所谓星云应该是和银河系一样由恒星组成的天体系统,只是因为距离太远而分辨不出一颗颗的恒星来。如果把宇宙看作一个浩瀚的海洋,这些天体系统就犹如海中的岛屿,因而被形象地称为"宇宙岛"。

随着望远镜越造越大,人们可以看到这些星云的更细微处。正如康德他们所猜测的那样,星云在望远镜中分离成了一颗颗暗弱的星星。但是问题并没有完全解决,那就是,它们是银河系内的恒星集团,还是银河系之外的天体系统呢?

受望远镜技术的限制,人们一直没有办法明确得出结论。后来,天文学家发现了造父变星。它是一种特殊的星体,它的亮度随时间呈周期性变化。而且,造父变星的亮度越大,它的亮度变化周期也就越长,也即光变周期越大。因此,通过这个亮度和光变周期的关系,天文学家发现了测量星系距离的方法。

1924年,美国的天文学家哈勃在仙女座星云中发现了造父变

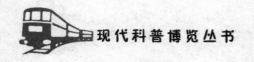

星,推算出了它的距离,并计算出它是银河系之外的天体系统,并称之为河外星系。到这时,星系才算真正发现了。

从这一系列故事中,我们能够看出,许多发现都是一步一步逐渐得出结果的,而且可能在过程中会出现很多错误或者偏差,肯定会出现当时人们没有办法解决的问题。所以,这不仅说明天文学家们以后探索宇宙的过程将充满艰辛,同时也说明问题终究会有解决的一天。

照 片 中 找 到 的 冥 王 星

与海王星比较起来,冥王星的发现则显得非常曲折。不少人曾仿效前人的方法,想从天王星和海王星所受吸引力的方向,来推测它的位置,但是结果一直让人失望。

冥王星是一颗比海王星还要远的星体,运行更慢。在海王星上看太阳,已不见太阳的圆面,仅看到一个光亮的点。落到冥王星上的太阳光更少,经它反射到达地球的光就更加微乎其微。正是由于冥王星又小、又暗,而且运行又慢,所以科学家们对它的研究几乎一筹莫展。

20世纪初,美国天文学家皮克林主张用照相的方法去搜寻这颗遥远的星体,由于拍摄位置的特殊性,这个历史性的任务就落在了汤博的肩膀上。而恰巧在这时,德国有一家仪器公司发明了更为先进的拍摄仪器和方法,这种仪器和方法能够在星象中看清楚某一颗星星位置的移动。汤博利用了这一仪器,耐心地坐在内视仪前,一张一张地观察底片。由于一张底片上星象很多,必须分成若干区,每一次只能校核十几个星点,在确认每一个星点都不跳动后才能通过。所以,任何微小的疏忽都可能前功尽弃。这项工作既要有耐心,还要有清醒的头脑。

直到1930年1月,汤博完成了金牛座40万颗星的检核工作,仍一无所获。下一个天区是双子座,这里靠近银河,暗星密聚,工作更是异常繁重。汤博日复一日,不间断地工作。1930年2月28日下午4时,他发现一个小星点,在相隔六天拍摄的两张底片上只移动了3~4毫米,同预计中的新星体又暗又慢的特点相符合。他欣喜若狂,但没有立即宣布这个发现。在以后的两个星期里,他又连续对该天区拍照,确认这是一个新星体后,于3月13日才将结果公布于世,这就是后人熟知的冥王星。

太阳耀斑陷害了布鲁克

第二次世界大战时,有一天,德国前线的战事吃紧,后方司令部的报务员布鲁克,正在繁忙地操纵无线电台,传达命令。突然,布鲁克耳机里一点声音都没有了。他急忙检查机器,电台完好无损,用手去拨动旋钮,改变频率,仍然无济于事,没有声音。就这样,不知道什么原因,电台一直没有办法使用。当然,结果就是,前线群龙无首,陷入一片混乱,战役以失败而告终。布鲁克因此受到军事法庭审判,并被判处死刑。他仰天呼喊:"冤枉!冤枉!"其实,这次无线电中断,"罪魁祸首"是太阳耀斑,只不过当时人们对太阳耀斑并没有太深的了解。

太阳耀斑其实是一种非常剧烈的太阳活动,它的主要特征是:太阳的表面突然出现闪耀的亮斑,仅在几分钟到几十分钟之间,亮斑的亮度急速上升,但是下降却较慢。1859年9月1日上午11时,卡林顿在观测太阳时,首先发现了这一现象。卡林顿起初不大相信自己的眼睛,以为是望远镜出了毛病,便请同伴也来观

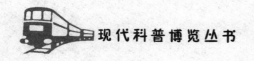

测闪光的变化,这时那明亮的光斑已经暗淡下去,过了大约5分钟,连一点痕迹都没有了。

科学家们说,别看耀斑只是一个亮点,一旦出现,简直是一次惊天动地的大爆发。这一个亮点,释放的能量相当于10万至100万次火山爆发的总能量,或相当于上百亿枚氢弹的爆炸。

耀斑也会对地球空间环境产生很大影响。耀斑爆发时,将会严重危及宇宙飞行器内的宇航员和仪器的安全。当耀斑辐射来到地球附近时,无线电通信尤其是短波通信,以及电视台、电台广播会受到干扰甚至信号中断。德国的军用无线电台就是因为耀斑而中断,布鲁克死得真冤。

蚕食同伴的杀星

我们知道,宇宙中各颗星星之间相距十分遥远,它们相互靠近的机会很少。但经过长期的观测和研究,天文学家却发现星球之间也存在互相吞食、互相残杀的现象。科学家们把这类吞噬其他星球的星球,称为宇宙中的"杀星"。

20世纪80年代,美国天文学家就曾经发现过这种互相吞食的现象。主角是两颗已经进入衰亡期的恒星,这两颗恒星体积很小,质量却要比太阳大很多。经观测发现,这两颗星星靠得很近,相互围绕对方旋转运动。其中一颗大的恒星,时刻都在吞吃比它小的那一颗星,一口一口,极其缓慢地,就像是一个老太太在喝着滚烫滚烫的稀粥一样,而且这个过程似乎还要更加缓慢一点。大恒星把小恒星的外层物质剥下来吸到自己身上,使自己越来越胖,体积和质量不断增大。而那颗被吞食的恒星,逐渐变得越来越小,现在只剩下一个光秃秃的星核,就像是被啃过的桃子,只剩下桃核了。

不但星体之间存在着互相吞食的现象,星系之间也在互相吞食和残杀。通过望远镜,科学家们观察到这样的现象:两个距地球约10亿光年的星系,大星系的直径为20万光年,小星系的直径为2万光年。两个星系之间的距离为32万光年。小星系被大星系的引力所吸引,围着大星系转动,同时,大星系不断地吞食着小星系,小星系里面的星星已散成带状,开始被大星系吸收。科学家们判断,大星系将在数十亿年的时间里继续吞食小星系。大约经过20~30亿年,小星系就会被大星系完全吞没,变成大星系晕轮周围的一抹拖痕。

科学家相信,星球之间和星系之间吞食的现象,对揭开星系和宇宙结构形成之谜大有帮助。

发现中子星

1967年8月的一天,剑桥射电天文台,专门负责检查设备的贝尔小姐发现了一个十分奇异的射电信号。它与以前天文学家所了解的由太阳大气所引发的信号根本不同,它的脉冲短促,按当时的记录速度,很难辨别它的周期。贝尔小姐立刻向负责人汇报了这个发现。研究所的所有专家们开会讨论,这会是什么信号呢?

绝大多数的专家判断,这或许是地面上电气设备的干扰信号吧!但无论如何,当时的负责人还是决定加强监测,并调快了自记纸张的运行速度,希望弄清这个奇异的射电信号的周期。到9月份,一切都准备就绪时,神秘的射电信号却失踪了。

1967年11月,该射电望远镜再次收到了来自太空的射电信

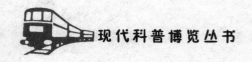

号。当贝尔小姐将第一份高速记录纸带送给负责人海威斯先生过目时,海威斯先生竟惊异得目瞪口呆。神秘的信号源发来的是间隔约1.33秒的短周期脉冲无线电波。科学家更加惊奇地发现,这些无线电波的间隔非常一致,精度不低于百万分之一秒,是一座相当准确的天文"时钟"。这说明,它很有可能是外星的智慧生物发出的联络信号!

消息很快传遍了整个世界,全世界绝大多数天文学家都处于一种紧张、亢奋的状态之中。随着各国天文学家的共同努力,迅速排除了是智慧生物的联络信号的可能性。此后的研究证实了,这些无线电信号来自理论天文学家预言过的,过去未发现的中子星。中子星的磁场强度可以达到普通恒星磁场强度的100亿倍。极高的密度,难以想象的飞快自转,超乎寻常的磁场强度,是中子星的基本特点,也是它能发射奇异射电信号的主要因素。

谢尔顿观测到了超新星爆发

超新星在古代又被称为"客星",意思是这是一颗"前来做客"的恒星。有时候,当你遥望星空,可能会惊奇地发现:在某一星区,出现了一颗从来没有见过的明亮星星!然而仅仅过了几个月甚至几天,它又渐渐消失了。不用怀疑,你看到的这颗明亮的星星就是超新星!

看到超新星容易,但是观测到超新星爆发场面,却是需要非常幸运的机会。智利一座天文台的技术人员谢尔顿,就是这样一位幸运的人。1987年2月24日凌晨,他注意到,在一个星云附近,有一团气云特别亮。当时,他并没有太重视这件事。当天早晨,他对这个星云做常规巡视。当他用望远镜进行照相时,却发现了惊人的结果：冲洗出的底片上出现了一个巨大的亮点，按常规该亮点是完全不应该出现的。

谢尔顿惊呆了，如果不是照相仪器上有了瑕疵，就一定是在星云附近发生了新事件。他急忙走出户外，仰视黎明前的太空，一点没有错，在星云所在天区的中央，出现了一颗前所未见的明亮的新星。谢尔顿自信发现了一个重大天象，于是向同事指出了自己的发现。大家一致认为，他见到的是一颗距离大约为17万光年的超新星爆发。谢尔顿马上向国际天文学联合会发了紧急电报，立即在天文界引起了轰动。

这颗被命名为SNl987A的超新星，只能在南半球看到。根据天文学家的解释，超新星爆发发生在一个质量极大的恒星(叫做超巨星)的一生中的最后阶段。在爆发后的一定时间里，它所发出的光比它所在星系内其余恒星发出的光的总和还要多。超新星的爆发是天体演化的重要环节，它是老年恒星辉煌的葬礼，同时又是新生恒星的推动者。

2004 年 陨 石 撞 击

2004年，世界各地纷纷报道了神秘物体撞击地球的事件，科学家分析这些现象的制造者很有可能是陨星。2004年12月，在我国兰州，一道异常的亮光划破夜空，大地瞬间犹如白昼一般。当地高速公路收费站工作人员发现异常后，立即走出站外观察亮光。事后收费站的录像资料上显示，闪光持续了约10秒钟。异常闪光出现后，高速公路上行驶的机动车，几乎都出现了短暂的停顿迹象。但在闪光过后，大地又被夜幕笼罩起来。对于这一罕见的现象，专家们认为最有可能是陨石造成的。但到现在为止，人

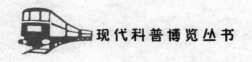

们没有搜寻到一块与这次闪光有关的真正的陨石。

同年12月,在印尼首都雅加达以及邻近的两个城镇,居民们听到了一阵巨大的爆炸声,有人看到了一些物体从空中坠向地面。事后人们认为这些物体很有可能是来自太空的陨石。但警方在雅加达及周边地区,并未找到任何陨石残骸。印尼空军强调,爆炸有可能是陨石撞击地球。因为在爆炸发生前,印尼空军的雷达记录显示,有一不明飞行物以极快的速度从空中落向地面。

专家们不知道为什么现在陨星撞击地球如此频繁。有人开玩笑说,一定是黑暗的太空深处有一种神秘力量,在故意用陨星"轰炸"地球。

美国于2005年发射了一艘名为"深度撞击"的飞船,其任务是在一颗彗星上撞出凹坑以窥探其内部结构。科学家认为,彗星物质是一个特别重要的太空信息源,因为自太阳系形成后,这种物质就基本没有发生过变化,有关探测结果能为科学家研究太阳系起源提供新的线索。

冥王星被行星"除名"

1930年,美国天文学家汤博发现了冥王星,由于当时错估了冥王星的质量,以为冥王星比地球还大,便把它当作大行星。直到1978年冥王星的一颗卫星被发现,天文界才将其直径确认为2270千米。原来,冥王星是个"小个子",只有月亮质量的三分之一。冥王星的大小被确认时,"冥王星是大行星"早已被写入教科书,天文学界在此后很长时间里对这一失误睁一只眼闭一只眼,并没有将它"开除"出大行星之列。然而,由于冥王星的公转轨道为不规则的鸭蛋形"过山车"状，和其余八大行星近似圆形轨道不一样，更多专家倾向于冥王星应与其他八大行星有别的观点。

2005年，加州理工学院的天文学家发现了比冥王星还大的天体"齐娜"，这是自1846年海王星被发现以来，人类在太阳系中发现的最大天体。从此，关于冥王星地位的问题越来越成为人们争论的话题：如果"齐娜"都不能算太阳系行星家族一员，那冥王星凭什么还可以被称之为九大行星之一？

2006年8月24日，国际天文学联合会经过长达一周的争论，通过投票表决，做出最终决定，取消冥王星的行星资格。根据国际天文学联合会大会通过的新定义，行星指的是围绕太阳运转，质量必须足够大，自身引力足以克服其刚体力而使天体呈圆球状，并且能够清除其轨道附近其他物体的天体。而冥王星椭圆形的轨道同海王星轨道交叠，显然不符合这一定义。根据这一定义，冥王星最终退出了行星的行列，从而太阳系只剩下八颗"经典"行星，分别是水星、金星、地球、火星、木星、土星、天王星和海王星。

美国天文学家布朗认为，将冥王星除名可能不会受到公众的欢迎，但是在科学上是正确的决定。

常 州 上 空 的 流 星 雨

公元1064年，常州的上空发生了一场流星雨。当时，天上轰隆隆的，像在打雷一样。人们抬头朝天空望去，原来是一颗奇大无比的星星，和月亮差不多大。这颗星星出现在天空的东南方向。没过多久，天空又是一阵打雷的声音，这颗超大的星星却已经跑到西南方向了。然后还是一阵雷声，星星陨落到地面，掉到

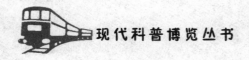

了宜兴一个姓许的人家院子里了。顿时，火光四射，把天空都照得像白天一样。远近的居民都能看到这一奇怪的景象！随后不久，天空中又有很多稍微小一点的星星陨落……人们来到星星陨落的位置，只发现地面上有一个很深的洞穴，看不到里面的情况，于是派了一个胆子特别大的人到洞穴里面看个究竟。果然，星星还在洞穴里面！不过洞穴里太热了，过了很久，还是没有办法走进去太远。又过了很长时间，人们在洞穴的四周开始挖坑，等挖到三尺深的时候，看到一个硕大的圆石，滚烫滚烫的，颜色接近铁，像铁一样重！

这种类似的记载，在我国古代的书籍中，大约有180次之多。最早的要数《左传》里的记载：在鲁庄公七年(公元前687年)四月的一个夜晚，天空中原来一直闪亮着的星星不见了踪影。在这天半夜的时候，天空中的星星突然不断掉落下来，就像是下了一场瓢泼的大雨一样。

古人虽然看到了流星雨的美妙景色，却始终无法解释这到底是怎么回事。现在，科学研究告诉我们，流星雨是由于彗星的破碎而形成的。彗星主要由冰和尘埃组成。当彗星逐渐靠近太阳时，冰发生气化，使尘埃颗粒像喷泉的水一样，被喷出母体而进入彗星轨道。当地球穿过彗星轨道时，我们就有机会看到流星雨。

吉 林 陨 石 雨

1976年3月8日下午3时，在吉林市郊区金珠乡，突然传来一声震天动地的霹雳声。当地群众抬头仰望，只见几团火球从天而降。在金珠乡南蓝村的上空，那火球突然爆炸，大大小小的火球像礼花似的向四处飞溅，有一团在不远处降落并激起了一股冲天的黑烟。起初，许多人还认为是附近兵工厂在试验新的武器。一些好事的小朋友跑向了事发地点，发现了天上掉下的大石头。有个小朋友还带回一小块陨石碎片，有点类似金刚砂，颜色发灰、发暗。

这场陨石雨过后，科研人员共收集到138块陨石标本，总重量超过2700千克。其中最大的"吉林一号"陨石重达1775千克，是目前世界上已知最大的单块石陨石。陨石撞击地面，溅起的碎土块最远达150米，造成的震动相当于1.7级地震。这个震波被吉林的地震台记录下来，使得吉林陨石雨的陨落有了准确的时间记录。

吉林陨石雨降落时，铺天盖地，覆盖的范围东西长72千米，南北宽8千米，面积近500平方千米。落地的巨响和震波，震碎了无数居民住宅的玻璃窗，场面极其宏大，威力十分巨大，然而竟然没有一个人一只家畜的伤亡，可谓非常奇特。

经测定，吉林陨石的母体，原是太阳系火星与木星之间小行星带中的一颗行星，年龄约为46亿年。大约在800万年前，在运行时和其他星体相撞，发生了一次大爆裂，脱离出小行星带，而最终落到地球表面。

吉林陨石雨带来的丰富宇宙信息，是研究天体演化、元素起源、生命起源、空间技术以及其他多种学科的珍贵资料，其价值相当于发射了一颗人造卫星。

宇 宙 大 爆 炸

科学家们为了揭开宇宙形成之谜，进行了大量的研究，提出了种种假说。"宇宙大爆炸"就是其中一种比较流行的学说。"大爆

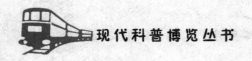

炸"理论认为,我们的宇宙原来是一个体积不大,但密度极大、温度极高的火球。一种说法是,大约在150亿年前,这个原始火球突然发生了惊天动地的大爆炸,把物质抛向四周,从此产生了宇宙。从那时起,宇宙开始膨胀,温度也随着空间的扩大而降低。当宇宙的年龄为10秒时,温度高达1000亿度。经过10秒后,宇宙突然膨胀,发生了巨大的爆炸,在刹那间扩大了1000多倍。大爆炸0.1秒后,温度降到300亿度;在15秒后,温度进一步降到30亿度;35分钟后,温度已降到3亿度。大爆炸之后30万年,温度已经下降到3000℃,宇宙开始变得透明了,在这期间也开始形成了化学元素。

150亿年来,宇宙一直在不断膨胀,温度也在逐渐降低,而在宇宙膨胀的同时,产生和繁衍了生物。如果将这150亿年的宇宙历程浓缩在一年里,我们就会得到下面这样非常直观有趣的"宇宙日历"。1月1日,大爆炸,宇宙出现;5月1日,银河系诞生;9月9日,太阳系出现;9月14日,地球形成;9月24日,地球上出现了原始生命;11月12日,绿色植物出现;12月26日,哺乳动物出现;12月31日22时30分,原始人类出现;23时46分,人类学会用火;24时,地球进入了现代社会。由此可见,人类历史只是宇宙岁月中极其短暂的一瞬。

1989年,探测者号卫星首次探查深空时,看到了一个完美的宇宙,证实宇宙的确开始于一次猛烈的大爆炸,而爆炸之后经过均匀扩张、冷却形成现在的状态。

数十亿年前的火星生命

50亿年前,在太阳系行星形成后,陨石风暴前后延续了约7亿年。直到今天,在火星表面,还遍布着遭陨石袭击后形成的坑坑洼洼,但地球上的陨石坑已被长时间的风蚀和水蚀消磨掉了。起初,两颗行星都是没有水、没有生命的。然而,陨石通常都含有丰富的水分,正是这持续了数亿年的陨石风暴,为两颗行星带来了最初的水汽。

火星因为在地球的外侧,受到陨石撞击的次数比地球多,得到的水汽也比地球要多。因此,火星早期的水比地球丰富得多。作为火星上曾经洪水泛滥的证据,火星表面现在布满了纵横交错的沟壑,它们多达数千条,长度从数百千米到一万千米以上,宽度也可达几千米到几十千米。河床的存在使科学家们认为,现在干燥异常的火星曾经有过大量的水。

陨石雨虽然给火星带来了大量的水,但由于火星温度很高,这些水大量汽化,很快就逃离了火星。专家称,很可能在最初的7亿年中,火星处于既是大得水又是大失水的时期。38亿年前,陨石风暴停止了,得水和失水的频率都在减缓,但火星大气仍在绵绵不断地逃亡。最终,整个火星的大气压降成仅为地球的一百五十分之一。在这么低的大气压下,火星表面液态水无法存在,残存的水分只能转入地下,成为深藏不露的地下水,而火星地表则变得永远荒凉干燥。

几十亿年下来,火星根本无法保住自己的大气层,强烈的紫外线与各类宇宙射线长驱直入,即使生命能耐高温、高压、无氧、高碱、超咸的环境,但是却无法抵抗高辐射能量。辐射能打入细胞内核,扼杀生命的复制演化。因此,数十亿年前火星上的生命,至今恐怕早已深藏地下,不再露面了。

月球最终会怎样走向毁灭

月球,这个离地球最近的天体最终会以什么形式走向毁灭?科学家们最近公布了一份研究报告,对月球的命运做出了几种猜

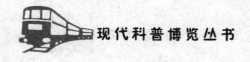

测。

　　科学家们预测,月球将离地球越来越远,到那时一个月将会变成47天。现在,月球和地球间的平均距离为38.5万千米。在过去的几十亿年中,因为地球的转速较快,所以总是"拽着"行动迟缓的月球。在地球和月球相互较劲的过程中,月球正在以每年4厘米的速度远离地球,而地球自转的速度也在减缓。如果这种趋势继续保持下去,月球将会离地球越来越远,直到月球绕地球一周的时间达到47天,地球和月球的步伐才能够统一。如果的确出现这种状况,那将会彻底改变人们对一个月的理解,一个月不再是30天或者31天,而是47天。

　　而从更长远的时间来看,月球最终可能会粉身碎骨,它的残骸将会坠落到地球上。科学家们预测,随着太阳中心能源的消耗,太阳的表面温度将会变得很低,同时太阳会发生膨胀,它膨胀所延伸的范围,甚至可以到达地球和月球的位置。太阳此时散发出的能量,会破坏月球的轨道,月球将离地球越来越近。而在月球和地球的距离近到一定程度时,由于地球的吸引力,月球将会被地球"撕成碎片",像下雨一样砸向地球。

　　但是还有一种可能就是,太阳的能量消耗殆尽,地球和月球都能逃过被焚毁的命运。这样,地球就会陷入永远的黑暗,而这个时候,太阳没有能量破坏月球的轨道,所以月球还能像现在这样在天空中运行着。如果真的发生这样的事情,那么天空中就没有了太阳,地球上也看不见月亮了!不过,那时的地球人早就转移到安全的地方了。

消亡在黑洞内部

　　黑洞中隐匿着巨大的引力场,这种引力大到让任何东西,甚至连光都难逃黑洞的手掌心。如果多年以后，一位倒霉的宇航员西蒙，在驾驶飞船经过某个黑洞时不慎离它近了些，结果被引力拉入了黑洞，那么在此过程中，他会看到些什么呢？

西蒙在刚落入黑洞的视界时，并不会看到什么特别与众不同的情景，他还可以看见外部区域，因为外面的光线仍能进入黑洞。只是，我们永远也见不到他了。黑洞不让外界看见其边界以内的任何事物，这就是这种物体被称为"黑洞"的缘故。

当西蒙越来越深入黑洞时，黑洞的引力会变得越来越强，而且会使他的身体变形。他下落时脚在前面，双脚就比头更接近引力中心，所受的引力，也即向下的拉力更强些，这样一来他就拉长了。这个过程很像在做拉面。

对西蒙而言，毁灭前的时间只是一瞬间而已，但在远处的人们看来（当然，外人不可能看到），黑洞对时间的扭曲，使西蒙最后的毁灭过程，好像是一种故意放慢的动作，而且所有的过程似乎变得越来越慢。在观测者的眼里，西蒙好像经历了无限长的时间，才能到达视界。所以，西蒙在这短暂的死亡过程中，经历了相当于外部宇宙无穷无尽的时间。西蒙自己的感受是什么样的呢？没人知道，因为这样的信息也被黑洞吸进去了，传达不出来。除非观测者寻找终极刺激，自己亲身体会一下。

捕 捉 第 一 代 恒 星 的 光 芒

宇宙已经诞生了大约150亿年了，对我们现在来说，最早期的宇宙是什么样子，谁也没有办法说清楚。毕竟，经过150亿年的膨胀，宇宙现在已经变得无限大，所以早期恒星，特别是第一代恒星的光芒很难追踪到。

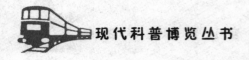

但是最近，美国航空航天局捕捉到一缕奇光，它来自宇宙大爆炸后最初形成的第一代星体。或许，它能够告诉150亿年后的后来者，宇宙在最早的数亿年里是什么样子的。这缕光线的主人是宇宙的第一代恒星，大约形成于宇宙仅1亿岁的时候。那个时候，大爆炸刚刚过去，宇宙也只是襁褓中的婴儿。

科学家们判断，大约在"大爆炸"发生后30万年，宇宙的温度已经降低到大约3000℃左右。而大约在宇宙形成后，1亿年左右，出现了第一批恒星和星系。天文学家们将这一中间阶段称为宇宙的"黑暗时期"。而这屡光线，就来自于"黑暗时期"，它很有可能曾经刺破宇宙完全的黑暗，给宇宙带来第一道光芒。

为什么这些光芒在宇宙中存在了100多亿年，还能被我们看到呢？科学家们分析，早期的恒星，体积一般都比太阳大100倍以上。因为它们发出的光线强度高，所以光芒才可被今天的望远镜看到。而这些恒星，现在基本上都已经不存在了。因为经过100多亿年，这些恒星的燃料已经差不多烧光了。

研究人员说，从光线的强度看来，第一批恒星很可能是在不同地方同时释放出光芒，就好像烟花一样同时绽放在各处。那个场面一定非常壮观！在一片漆黑的"氢雪"世界里，各处都出现了烟花一样绽放的光芒。从那以后，经过几十亿年的时间，逐渐出现了大量的恒星和星系，各种光线最终充满了整个宇宙空间。

富于探索精神的万户飞天

在20世纪一次国际天文联合会大会上，月球上一座环形山被命名为"万户"，以纪念"第一个试图利用火箭作飞行的人"。

万户是我国明朝人，大约生活在14世纪末期。他原来是个木匠,喜好钻研技巧,曾在军队中改进各种作战用具。他做事勤勉,爱动脑筋,对各种兵器制造技术进行过深入的钻研。后来,万户得到了一本关于火箭制造技术的书——《火箭书》。万户仔细阅读研究了这本书,造出了各种各样的火箭,并产生了制造飞鸟、进行一次飞天探险试验的念头。他画出飞鸟的图形,工匠按图制造飞鸟。飞鸟是一种特殊的火箭,前后两端分别是木质雕刻的龙头龙尾,下面装着两个火箭筒,龙肚子里装有火药,用引信点燃后,可飞行大约1000米的路程。

这一天,飞鸟制作完成,万户坐在椅子上,并用绳子绑紧自己。椅子安在飞鸟上方,当时飞鸟四周共有47支火箭。

万户两手各拿一个大风筝,他打算等火箭升空后,就利用这两只大风筝带着自己在空中飞行。然后,他要仆人将47支火箭同时点燃,想借用火箭的力量把他推向空中。于是,仆人点燃了鸟尾引线,火箭喷火并发出一声轰响,飞鸟离开山头向前飞去。随着火箭的烈焰喷射,飞鸟冲向半空。不久,火光消失,飞鸟翻滚着摔在山脚之下。飞鸟坠毁了,万户也摔得粉身碎骨。

万户的想法现在看来很可笑,然而在那个时代却是富有创造性的。古代的科技研究者们一直念念不忘飞向太空,并进行了大胆的试验和尝试。万户的设计方法,以及其惊人的胆略、勇敢的精神,创造出了"万户飞天"的佳话,成为我国古代载人航天活动的先驱。

因飞行事故而出现的宇航服

1959年7月,海军少尉威廉驾驶的歼击机突然失灵,他被抛到1.5万米的高空。他突然感到来自全身的痛苦:腹部膨胀,耳膜

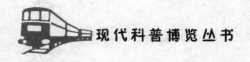

撕裂，身体几乎散了架，气泡从躯体冒出，血从眼、耳、鼻和口中涌出。在头脑还清醒的时候，威廉打开了降落伞，最终回到了地面。于是人们知道了，当一个人在高空没有特殊装备的保护，这是很危险的。

科学家们开始研究可提供特殊保护的服装，宇航服就是这个研究的最重要成果之一。如果正常人在太空中，没有宇航服的保护，那么他将活不到一分钟。首先，太空中没有空气，人无法呼吸，一般人在一分钟内大概会因缺氧而死。而且，太空中极其干燥，不穿宇航服的话，人体就会立即风干。再加上，太空中气温一般都在-30℃左右，不穿宇航服的话，人即使不被风干也会被冻死。另外，太空中四面八方的风，以及没有重力没有引力的环境，也会导致人的直接死亡。因为在太空中，人处于失重状态，在这种情况下，人体是无法将血液输送到下肢的，所以宇航服也必须解决这个问题。

早期的宇航服非常笨拙，人在里面几乎动弹不得。后来，一位名叫科利的设计师，在花园里观察到一种特殊的虫子后，这一切才发生了变化。这个滑稽的肥肥大大的虫子有一个外壳，它由许多单个的节连接而成，虫子由此具有很高的灵活性。于是在不久以后，灵活的宇航服问世了。与过去的太空服相比，它分节的胳膊和腿，大大地减少了对宇航员的束缚，并能够提供氧气，抵御外界的伤害。

现在，宇航服经过不断地改进，不仅能够保护宇航员，而且能使得宇航员着装后显得十分潇洒。

曲折艰难的水星计划

水星计划是一项载人宇宙飞船发射和回收的计划，美国希望将一艘能够乘坐一名宇航员的水星号飞船发射到太空中，检验宇航员在空间的活动能力，最后像飞机一样，把宇航员安全地载回地球。这个计划的实施过程十分艰难。1960年7月29日的第一次试验，飞船就在爆炸声中一下子粉身碎骨。后来，又经过了几次失败经历，水星号飞船的发射和回收终于取得了成功。

不久，一只黑猩猩登上了水星2号飞上了蓝天，并安全地降落在预定的海面上。水星计划取得了初步的成果。

1962年初，第一次载人轨道飞行的实验要付诸实施了。然而，发射的准备工作一开始就进行得不顺利，光是发射的时间前后就变更了10次，这对宇航员的心理素质无疑是一种强烈的考验。2月20日，"水星"火箭总算冲向了太空，准确地将飞船送入了固定的轨道。忽然，宇航员发现飞船出现了向西甩动的现象，虽然能很快地自动纠正，但每次纠正都要消耗大量的燃料。宇航员很快判断出是驾驶器发生了故障，没有办法，只得改由人力操纵飞行。随即，控制中心的测航仪器忽然发出了警报，飞船的隔热层变成半开状态，如果隔热层在进入大气层之前全部脱落，那么飞船和空气间的巨大摩擦所产生的高温，就会把整个飞船熔化掉。这一不幸的消息，使得地面控制中心的工作人员焦急万分，他们立即投入到紧张的研究之中。终于，地面专家们提出了完善的解决方案，飞船安全地回到地球的怀抱。

当宇航员被人们从船舱里救护出来时，在场的人们一下子狂欢起来，欢呼之声响彻云霄。至此，水星计划画上了一个完美的句号。

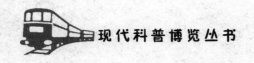

黑猩猩汉姆驾临太空

　　黑猩猩是人类的近亲,智商很高,学习能力很强,因而自然而然地就被选为模拟飞行的宇航员。1961年1月31日,首位太空黑猩猩宇航员,3岁的汉姆,搭乘火箭进入太空。这次试验是为了检验飞船的生命保障系统,同时想证明飞船的回收系统是否完善。汉姆在上天前经过了严格的训练。在科学家们的训练下,汉姆在极短的时间里学会并掌握了各种技术,比如用控制杆来对指示灯做出反应,以免身体受伤等。在这次太空飞行中,它的任务就是坐在生物舱内,在看到蓝色闪光的时候拉动推杆。虽然它能毫无错误地完成模拟任务,但科学家还是在它的脚上装了一个电击装置,万一它偷懒的话可以刺激、提醒它一下。汉姆进入飞船座舱后,火箭将座舱送入离地260千米的空间。看到指示灯后,汉姆顺利地向后拉动了推杆。座舱在空间划了一个660千米长的大圆弧,成功地降落在了海面上。

　　在历时16分29秒的飞行过程中,科学家们对汉姆进行了一系列测试,以了解宇宙飞行对动物乃至人体的影响。在飞行中,汉姆经受了极大的加速度和失重试验,表现极为出色。在成功完成任务后,负责打捞的直升机很快把试验座舱从海面上提起,送到一艘登陆艇上。当救护人员打开舱门时,汉姆洋洋得意地从小舱内伸出头来,若无其事地将两手交叉在胸前,兴奋地走出座舱,毫不客气地拿过慰劳它的一个大苹果大吃起来。

　　汉姆的成功,加快了美国进行载人航天飞行研究的进度。终于,在1961年5月5日,美国宇航员驾驶着宇宙飞船第一次飞向太空。而伟大的汉姆,没有继续它的太空生活,当起了影视明星。

加加林第一个访问太空

加加林是人类历史上第一位太空使者,被誉为"宇宙哥伦布"。但是在他首次进行太空飞行时,谁也没有把握飞行是否会取得成功,所以苏联宇航部门特意准备了三篇内容迥异的新闻稿:一篇称首航获得成功;另一篇称飞船未能进入预定轨道;第三篇称飞船失事,飞行员不幸遇难。

1961年4月12日,在苏联拜科努尔航天发射场中央,加加林穿着宇航服,登上东方一号宇宙飞船。临飞前,总设计师科罗廖夫安慰加加林说:"你不要紧张。不论你着陆到哪个角落,我们都能找到你。"

莫斯科时间9时,第一次载人飞行进入了倒计时阶段。开始10分钟准备……5分钟准备……1分钟准备!所有人都屏住了呼吸,似乎空气也凝固了。预备、点火!一声令下,火箭带动飞船,载着加加林进入了人造地球卫星轨道,人类宇航时代开始了!加加林在座舱内从舷窗向外望,从报话机里描述人类从未见到过的情景:"多么美啊!我看见了陆地、森林、海洋和云彩。我第一次亲眼见到了地球表面的形态,地平线呈现出一片异常漂亮的景色,淡蓝色的晕圈环抱着地球,与黑色的天空交融在一起。天空中,群星灿烂,轮廓分明。在离地330千米的高空飞行了108分钟后,加加林绕地球运行了一周,回到自己的祖国。

这次飞行虽然短暂,但它却开辟了人类通向宇宙的道路,加加林因此成了世界上第一位航天英雄。为了纪念这个划时代的壮举,4月12日成了苏联的"航空航天国际纪念日"。1964年4月4日,加加林被授予"苏联英雄"称号,以后又获得列宁勋章。后来,为了纪念他,月球背面的一座环形山也以他的名字命名。

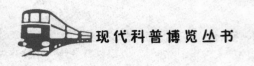

人类第一次太空行走

1965年3月18日,苏联的上升2号宇宙飞船进入地球轨道,环绕地球飞行。8时30分,航天员列昂诺夫离开上升2号飞船密封舱,系着安全带实现了第一次到茫茫太空中行走。

列昂诺夫穿着一种新型航天服,航天服是特制的橘黄色,有十几层厚,足以在太空中隔热和防辐射。内衣是由通心粉状的管子盘成的,管子总长100米。管内流过的冷水能吸去航天员身上散发的热量,并排放到宇宙空间去。在这种内衣外再罩上一层一层外套,套上同样多层的手套,穿上金属网眼靴子,戴上增强树脂盔帽,就能保证到密封舱外活动的安全了。

在灼热的太阳光中,列昂诺夫潇洒地迈开步伐,翻着前空翻,接着又做了几个体操动作,完成得轻松自如、毫不费力。不过他整个身体轻飘飘的,很不好控制自己。

12分钟后,他返回到了飞船舱口,可等待他的却是非常可怕的一幕:太空服变得异常庞大,已经无法穿越相对狭窄的舱门——他将无法回到飞船中了。列昂诺夫感到了事情的严重性,此时,他只觉得浑身发冷,头昏眼花,呼吸的频率增加了一倍!他对着话筒向留在飞船里的同伴失声喊道:“我回不去了!”就在这危急时刻,宇航员平时艰苦的训练对他起了作用。平时教练员提醒过:太空服的腰部设有四个按钮,每一个按钮都能释放四分之一的空气,当太空服压力过大时,这是唯一的减压办法。列昂诺夫迅速按动按钮减去了太空服中的气压,然后将头部对准舱口,顺利进入了飞船。

列昂诺夫在舱外停留了24分钟,自由飘浮12分钟,完成了人类历史上第一次系着安全带在太空行走。

充满坎坷的上升 2 号返回之旅

　　1965 年 3 月，第一次太空行走顺利完成后，苏联的飞船准备返回地面，这时出现了严峻的险情。就在他们进行准备工作的时候，飞船内部的压力急剧升高。为了防止发生爆炸，宇航员赶紧降低温度和湿度，但这些办法并未发挥作用。这种压力增加的险情，整整持续了 7 个小时，因为过于疲劳，两位宇航员昏睡了过去。突然，类似爆炸的声音将他们惊醒，宇航员们都以为最后的时刻到来了，飞船发生爆炸了。可是，周围的一切并未燃烧，相反，仪器显示飞船内部的压力在慢慢下降，过了一会儿竟完全正常了。

　　宇航员们正在暗自庆幸逃脱了大难，但是不久又出现了大问题——飞船的定位系统出现了故障。在得到地面指挥中心的同意后，宇航员们不得不冒着生命危险，采用手动方式着陆。飞船终于降落到了地球上，不过降落的地点却是原始森林的深处。这时还是冬季，地面上积聚了 2 米厚的积雪。两位宇航员费尽九牛二虎之力爬出舱门，伴着暴风雪和狼群的呼号声，架好天线，向指挥中心发出呼叫信号。不知什么原因，指挥中心迟迟没有回应。

　　天黑了，气温越来越低，飞船内制冷空调又无论如何也关不上。宇航员的宇航服内灌满了汗水，因此他们不得不在低于 20℃ 的严寒中光着身子拧干内衣。直到第二天，地面搜寻人员才找到他们。直升机投下食品和防寒服，可是这些东西大多被大风刮走，最后到手的只有几根香肠和一只皮靴。

　　直到第三天，几乎绝望的他们才最终获救。

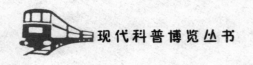

宇宙飞船在太空相会

1965年12月3日,双子星座7号飞船顺利升空。太空中心的工作人员马上将另一枚硕大的"泰坦"火箭搬进了发射区,并在火箭顶端装上了双子星座6号飞船。同时,美国航空航天局宣布,他们要让双子星座6号飞船和双子星座7号飞船在太空相会。

可是,双子星座6号飞船按原计划点火后,"泰坦"火箭发动机却自动关闭了。而此时,双子星座6号飞船的两名航天员锡拉和斯塔福德,就坐在处于高度爆炸危险状态中的火箭顶端上。一旦火箭爆炸,两人马上就牺牲了。一阵高度紧张后,火箭并没有爆炸。

故障很快查明并被排除。美国航空航天局决定再试一次,时间就定在两天后。

12月5日,锡拉和斯塔福德再次坐上双子星座6号,点火升空进入太空。双子星座6号升空后,就一直尾随着双子星座7号飞船。美国航空航天局要求两艘飞船相距不得超过600米,相会才算圆满成功。时间一分一秒地过去了,两艘飞船越靠越近。此时,双子星座6号离7号还有8千米,锡拉点燃了一枚火箭,让双子星座6号准确地进入7号飞船的轨道。此时,两艘飞船的雷达彼此都发现了对方。于是,锡拉给双子星座7号发了一条信息:我们即将相会了。几分钟后,两艘飞船的航天员彼此可以看到对方的飞船了。这时,两艘飞船相距仅6.5千米,成功仅一步之遥了。飞越印度洋时,两艘飞船越靠越近。这时,由于两艘飞船离所有的地面站都太远了,以至于没法发送清晰的信息,两艘飞船和地面暂时中断了联系。后来,太空传来了斯塔福德的声音:"我们相距只有36米了,且一直保持着这个距离。"太空相会完成了全部预定目标!

阿波罗试验灾难

1967年1月，美国的一艘阿波罗飞船，正在进行载人航天飞行的地面联合模拟试验，充满纯氧的飞船座舱突然起火，三名航天员被火活活烧死。当时，按照航天中心的计划，如果这次地面模拟试验成功，这3名航天员就会乘此飞船进入环地轨道飞行，以验证登月飞行的实现程度。

试验前，相关人员已做过安全检查，凡能发现的易燃易爆物均被移开或拆除。试验组织者认为已没有什么不安全因素，因此在试验现场也没有布设专门的消防人员、医生和紧急救援人员。试验按照程序进行。当进行到最后倒计时时，突然程序中断，飞船指令舱起火。人们从指挥室里的通信电话中，听到舱内的航天员大喊："着火了！"接着又听到"快放我们出去！"的喊声。

然而，还未来得及打开舱门，在短短的几十秒内，3名航天员就被烧死在舱内。后来查明，这次起火原因是飞船导线短路，电火花引燃了舱内塑料制品。阿波罗飞船中，一些在正常空气中本来是耐火材料的塑料制品，在纯氧中却成了易燃物品。此外，舱门打开时间设计为90秒，着火时舱内形成负压，无论在外面还是在里面，舱门在极短的时间内都无法打开。

这场火灾造成了死亡3人的特大事故，给后人以很多启发。后来的阿波罗飞船舱内采取了一系列安全措施，如重新研制舱内材料，进一步完善逃逸救生系统，增加了防火措施等。我国的神舟飞船在设计时也吸取了这个教训。

1971年8月2日，阿波罗15号登月时，美国航天员将他们3人的骨灰撒在月球表面上。他们3人虽然生前未能登上月球，但死后终于来到了这里。

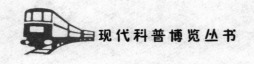

第一艘载人联盟号飞船遇难

1967年4月3日,苏联第一艘载人的联盟号飞船联盟1号顺利发射。但是在飞行到第2圈时,宇航员科马罗夫报告说:"飞船左边的太阳能电池帆板没有打开,电源供电不足,无线电短波发射机没有工作,姿态稳定系统也受影响,飞船处于不规则运行之中。"科马罗夫是苏联当时最优秀的航天员之一,飞行经验丰富。他先是将飞船的左边朝向太阳,试图打开帆板,但未成功。到了第5圈时,飞船故障进一步加剧。科马罗夫尽力排除故障,试图启动飞船发动机以稳定飞行,但仍旧没有成功。

在第10圈时,筋疲力尽的科马罗夫请求睡一觉。经允许后,飞船中断了与地面的通信联络,并在第13圈时再次恢复。科马罗夫报告说,飞船故障未消除,姿态仍不稳定。经过飞控中心研究发现,原因在于飞船左侧的太阳电源翼板出现故障,已经无法展开了。地面中心决定立即返航。第19圈时,科马罗夫手动控制返回,使飞船进入了返回轨道。4月24日,事故发生了。那天6时24分,飞船失去了控制,带着一团火光,以每秒100多米的速度斜着向地面撞去。当飞船降落至离地面10千米高度时,宇航员立即启用降落伞,但是发现降落伞也出现了故障。没过几分钟,飞船撞向了乌拉尔地区地面,并发出几声猛烈的爆炸声,科马罗夫当场牺牲。当救援人员赶到现场时,飞船残骸还在燃烧。

鉴于这次事故的教训,苏联不得不对飞船重新进行审查,经过一年多的改进,才于1968年10月再次发射不载人的联盟2号。1971年8月2日,阿波罗15号飞船登月时,美国航天员带去了一块刻有已故苏美航天员姓名的铭牌,安放于月球上,其中也包括了科马罗夫的名字,以纪念为航天事业英勇献身的英雄。

曙光号载人飞船的夭折

1970年4月24日,我国第一颗人造卫星东方红一号升空。接下来,国家下定决心,继美、苏之后,制造出载人飞船,还给那艘尚未诞生的飞船起了个意味深长的名字——曙光号,并准备在4年的时间里将飞船送入太空。

1971年4月,在北京京西宾馆里,聚集了全国80多个单位的400多名专家学者。此时,专家学者们正在讨论着中国未来的飞船该是什么样子。由于时值1971年4月,因此该项目便有了一个代号:"714工程"。代表们兴致勃勃地品尝了我国自己研制的航天食品:高热量的巧克力、压缩饼干和美味的鸡汤等。"714工程"还制造出了曙光号的全尺寸模型:它的外形像个倒扣的大漏斗,由座舱和设备舱两大舱段组成,座舱里放置两把宇航员坐的弹射座椅。

然而,由于当时国家的经济基础薄弱、科技水平相对低下,真正动起手来,航天专家们才知道制造载人的火箭和飞船并不是件容易的事。他们手上仅有的长征一号火箭,无论在火箭的推进力方面,还是在火箭系统的复杂程度方面,都与载人航天火箭有着巨大的差距。而且,宇宙飞船系统的精密要求和复杂程序,也让科技人员们望洋兴叹。终于,在4年之后的1975年,中央决定"714工程"下马,曙光号最终尘封在一张张的构思草图中。周恩来总理实事求是地专门就中国载人航天的发展讲了几条原则,其大意是:要先把地球上的事搞好,要搞国家建设急需的应用卫星。

自此,中国暂时停止了对载人航天的探索,而把精力和重点放在了各种类型的应用卫星方面,直到20世纪80年代末期,才重新开始对航天飞船的研究。

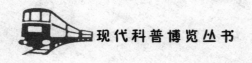

生物卫星上的失重试验

人类为什么要发射生物卫星呢？科学家解释说，用动物做试验，可以避开人的主观感觉。通过生物卫星获得的数据资料，能有效地帮助解决太空生物学和医学方面面临的许多问题。

为了寻找一种方法保护航天员，使他们能有足够的力量抵抗失重，从1973年开始的5年时间里，苏联一共发射了8颗载有动物的生物卫星，进行太空试验。第一批在生物卫星上进行的实验，就是人造重力实验。科学家们在卫星上装备了小型设备，这种设备可以在实验室里创造人造重力。通过观测实验室里的白鼠、龟和鱼等动物的反应，就能知道人造重力对生物产生的影响。结果表明，动物很好地承受了这种人造重力。

1983年末，生物卫星上搭载了怀孕的长尾巴鼠。卫星回收后，返回地球的长尾巴鼠生下了健康的小鼠，后来小鼠又生产了下一代。

1985年，苏联发射了两颗生物卫星，就是为了探索在失重条件下，动物是如何适应环境的。在这之前，科学家们认为，那些具有较高平衡能力的人员，对失重的适应能力是比较强的。但是，试验结果却表明，科学家以前的想法是错误的。通过对两只具有同等平衡能力的猕猴进行的试验，科学家发现，其中一只很快就适应了失重条件，并开始执行分派给他的任务。但是另外一只，直到飞行结束，仍无法适应。这就意味着身体对失重的适应能力，不单单与平衡器官有关。

于是，科学家开始第二次试验，他们记录并评估了平衡器官的定量变化。参加这次试验的动物就更加广泛了，除了有与人类比较接近的猴子外，还有果蝇、鱼、蚯蚓以及飞虫的卵等等，但是依然没有获得可以直接使用的成果。

中国发射第一个通信卫星

1972年2月,在美国总统尼克松访华的前几天,美国的一架运输机提前降落在了北京首都机场,一个神秘的集装箱从运输机上卸了下来,露出了活动型的卫星地面站。尼克松访华的当天,周恩来总理陪同尼克松一起,观看当天接待活动的录像。刚看了几个镜头,尼克松便指着录像对周恩来总理说,现在美国人民也坐在电视机旁看我们今天的活动情况。然后指着身边的黑皮箱说,从我踏上中国领土的第一步起,我在中国每时每刻的活动情况,全都由它记录在案,然后再通过我们天上的通信卫星,将每一个活动细节随时传回美国。

周恩来总理听后十分震惊,在接待完尼克松后,立刻找来有关人员询问。有关人员把"黑匣子"和卫星地面站的有关情况详细地向周恩来总理做了介绍,最后不无遗憾地说了一句,可惜的是,现在天上还没有我们中国的通信卫星!周恩来总理一下子沉默了。

尼克松访华结束后,他带来的那个卫星地面站被中国买了下来。

同年下半年,日本首相访华,也随身带来了"黑匣子"和卫星地面站。访华结束后,中国把日本带来的卫星地面站也设法买了下来。两个卫星地面站的购买,缩短了我国卫星地面站研制的时间。

1975年3月31日,研究发射通信卫星的工程开始启动。经过9年会战,我国的通信卫星终于横空出世。1984年4月16日,卫星通信的试验正式开始,向电视传输发送中央电视台当天的电视节目,转播效果比预想的还好。那时,即使偏远的边疆和山区,也第一次看到了由我国自己的通信卫星从北京直接转播过去的电

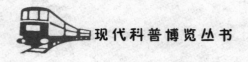

视节目。1984年5月14日,通信卫星正式交付使用。从此,我国开始拥有了自己的通信卫星。

第一位太空行走的女性

　　1984年7月7日,苏联宇航员萨维茨卡娅开始了她的第二次太空飞行,乘坐飞船顺利和礼炮7号空间站对接。这次的任务是做一次太空行走,她需要在太空中试验一种太空维修机器。这种机器已经经过科学家15年的研究,能在太空中进行金属电焊、切割和喷涂等作业。在紧急情况下,宇航员可以用它去舱外抢修故障。而且,它可用作安装大型天文望远镜、太阳能电池板。

　　7月25日,梳着一条小辫子的萨维茨卡娅走出空间站,进入了广袤的太空。初次进入遥远而神秘的太空,萨维茨卡娅并未感到太空如外界描绘的那般冰冷、寂静,她眼中的太空生机勃勃。当时,她的太空维修工作有一定的风险,所以根本没有机会聆听想象中的宇宙之声。萨维茨卡娅在一个特殊的踏板上站稳后,就开始作业。维修机器就在她面前,整个机器的重量大约为30千克,但太空中的失重环境使它显得很轻。萨维茨卡娅小心地利用机器作护板,挡住自己的宇航服,以防被电焊的火花烧坏。如果宇航服不小心出现一个小小的洞,那么她就会因为宇航服内的空气泄漏而导致窒息死亡。萨维茨卡娅按计划完成了电焊、切割和金属喷涂等工序,下一步就是进行较大规模的拼装和装配作业,这是为建立永久性载人空间站打基础的。她一面工作一面向地面报告:我已接通电源,机器开动……我开始对金属模板焊接……现在我开始第三种作业了……她在离地面高达300千米的太空中,进行了3小时35分钟的舱外作业,完成了预定任务。萨维茨卡娅成为世界上第一位在太空中留下"足迹"的女性。

7月30日,萨维茨卡娅返回地面,结束了13天的太空飞行。

挑 战 者 号 失 事

1986年1月28日,上午11时38分,美国挑战者号航天飞机终于发射起飞。顿时,看台上前来参观的群众一片欢呼,其中包括机上7名宇航员的亲人。

挑战者号在顺利上升7秒钟时,飞机翻转;16秒钟时,机身整个翻转了180度;24秒过去了,一切正常;42秒过去了,一切正常,航天飞机的速度已经达到每秒677米,高度已达8000米;52秒时,航天飞机接到地面指挥中心的指令,全速飞行;59秒时,挑战者号已经达到1万米高度。此时,地面控制中心和航天飞机上的电子计算机荧光屏幕上,各种数据的显示都未见任何异常。

就在这59秒之后,地面发射场就有人发现,航天飞机右侧冒出一丝丝的白烟,但是这个微妙的现象并没有引起人们的足够注意。这时航天飞机的飞行高度已达1.6万米。又过了几秒钟,第73秒时,航天飞机突然闪出一团亮光,随之传来一阵巨大的闷响,挑战者号的燃料箱在空中发生爆炸,航天飞机出现解体,天空中立刻出现了一团橘红色火球——挑战者号爆裂成一团大火,碎片拖着火焰和白烟四下飞散。

挑战者号失事了!突如其来的巨变,使所有在场的和电视机前的观众惊呆了。爆炸产生的碎片噼噼啪啪在发射场东南方3万米处的上空散落,时间长达1小时之久,7名宇航员全部遇难。

事故引起美国全国极大的震惊。当天,美国全国各地下半旗致哀。1月31日,在休斯敦航天中心隆重举行了有1.5万人参加

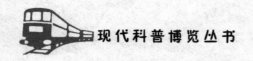

的追悼大会,里根总统亲自出席,并在会上发表了悼词:"通往未来的道路充满着艰险,人类进步的整个历史就是同困难的斗争史……"

即将退休的"哈勃"

1990年4月24日,航天飞机将哈勃望远镜发射升空,进入610千米高的地球轨道。"哈勃"耗资15亿美元,主体结构呈圆柱形,两侧各有一块太阳能电池板,展开后望远镜的最大宽度可达13.7米。望远镜上装有精确制导敏感器,它可测出望远镜到目标天体的距离,测量精度是地面望远镜的10倍。但由于制造的误差,刚开始它只能看清40亿光年距离的天体。

在投入天文观测后,哈勃望远镜获得了一些重大发现,令科学家们激动不已。太空专家亨利说:"'哈勃'的美妙照片吸引了每个人的眼睛,它传达的宇宙魔力简直难以言表。"

自发射到目前,已经过去了近20年。在这期间,哈勃望远镜进行了四次较大规模的修理和仪器更换。现在看来,"哈勃"的陀螺仪能支持到2008年,电池能用到2010年,但主照相机2006年已两次"罢工"。于是美国人在2006年对其进行了维修,为"哈勃"安装了"宇宙起源摄谱仪"和"宽视场照相机",增加电池、陀螺仪和导航传感器。它的后端还装上了把手,使它更容易被抓住,为可能2020年后的脱轨销毁做准备。维修后的"哈勃"至少能延长3年寿命,坚持到2013年。

2013年,接替"哈勃"的詹姆斯·韦伯太空望远镜将被发射到距地球150万千米的稳定位置。这台总造价15亿美元的望远镜,能看到比"哈勃"所看到的天体暗400倍的天体。与"哈勃"的另一个区别是,它在太空中所处的位置任何载人航天器都无法抵达,从而无法维修和改造,因而必须是个完美无缺的作品。

宇航员徒手活捉卫星

现在,随着宇航技术和经验的进步与丰富,宇航员可以在太空开展一些高难度的工作。1992年5月,美国航天飞机的宇航员就曾经在太空徒手"活捉"卫星。

这是一颗国际通信卫星,由于发射不成功,被扔在了距地面362千米的一条无用的轨道上,飘荡了两年。美国的宇航员奉命拯救这颗卫星,让它能够再次使用。航天飞机飞近卫星后,一开始,两名宇航员走出飞行舱,想用一根长4.5米的捕获杆捉住卫星。但是,稍受触动,卫星就剧烈地晃动、飘飞,以至于两次捕捉都没有成功。怎么才能让卫星不像风筝一样飘浮不定呢?宇航员们的首要任务是稳定住卫星,然后再把它捉住。

但是,在宇宙空间,宇航员们没有办法借用其他力量。他们苦思冥想,终于想到了一个好方法:3个人共同用力,控制住卫星!于是,3名宇航员分散排开,两两之间呈120度角围住卫星,然后3人相互示意对方,一起飘到卫星前,同时用手抓住卫星,使它稳定。卫星稳定住了之后,一个人慢慢松开手,走向航天飞机。在其他两个人的力量控制下,卫星并没有发生剧烈的晃动。回到航天飞机上的那个宇航员,重新拿起捕获杆,慢慢地伸向卫星。其他两个宇航员还在原地控制卫星,他们腾出一只手来,调节捕获杆的方向,使得捕获杆能够恰好稳稳地卡住卫星,然后,他们两人一起松手,这样卫星就完全在捕获杆的控制范围内了。航天飞机内的宇航员逐渐将捕获杆往回收,就这样慢慢地将卫星拉到了航

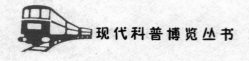

天飞机的货舱里。

之后,航天员们将卫星带回地球,进行修复。修复完成后,宇航员把卫星重新带到宇宙空间,使之进入预定的地球同步轨道,继续完成它的使命。

俄罗斯人的太空镜

很久以来,俄罗斯人就认为,如果能充分利用太阳光,把这个廉价的能源反射到冬天黑夜过长的西伯利亚地区,为那儿的城市照明,那该是一件多么美好的事情啊。但是要实现这一梦想,需要一个巨大的太空镜,但根据目前情况,实现这一梦想并不容易。1993年2月,俄罗斯的科学家将一个直径25米的巨型反光镜,运送到太空船上,镜子的重量不超过9磅(约合4千克),表面镀上了特殊的材料,这样可以充分发挥太阳光线的作用。科学家打算,在冬天的时候,将反光镜张开,那样就可以照亮直径5~7千米的地区。假如试验成功,反射的阳光将会相当于十几个满月的亮度,以后还可以运送更大、更多的反光镜到太空。

当月4日,俄罗斯宇航员成功地进行了试验,用太空镜将阳光反射到了地球的部分地区。凌晨3时45分,携带太空镜的宇宙飞船开始运行,当飞船飞到350千米的高空后,太空镜被固定在飞船的顶部。在控制器的作用下,太空镜慢慢打开,形成了直径为20米的反光圆盘。宇宙飞船围绕地球飞行,太空镜也就将太阳光反射到欧洲部分地区,当时这些城市正处在黑夜中。此次实验的成功,是对太空能源利用的新突破,人们对太空的认识加深了一层。

后来,美国的一名学生设想出一个"超级镜子"。按照其构想,宇航员将在火星轨道上设置300个用反光材料制成的气球,每个气球直径都长达150米，它们挨个排列在一起，从而形成一面"超级镜子"。它可以把太阳光反射到火星，在接收到太阳光的1平方千米左右的区域，气温将上升到20℃。现在，这个设想正在试验中。

多国合作创建国际空间站

1971年4月19日，苏联发射了礼炮1号空间站，标志着人类载人空间站时代的到来。

20世纪80年代，航天飞机首次飞行成功，它可完成空间站的建造、物品补给、人员及产品的往返等任务，又可完成像各类航天器的发射、捕获和处理等多项轨道任务，说明建立永久性空间站的时机已经成熟。1984年1月24日，美国总统里根发表国情咨文，批准了宇航局在10年内建成一个永久性载人空间站的计划。规划的空间站耗资在75亿到90亿美元之间，如果从1984年开始建造，可望在1991年发射。计划该空间站建在480千米高度的地球轨道上，每次由6~8名男女宇航员轮换值班。

美国的设想得到了日本、加拿大和欧洲空间局的热烈响应。1994年3月，美、俄、日、加和欧洲空间局的代表，正式通过了建造宇宙空间站计划方案的决定。这个计划，分三个阶段共10年时间来完成。第一阶段从1994年开始。美国宇航员将在和平号空间站进行长期适应能力的训练。俄国将为和平号扩容，使美国可进行大规模的空间科学实验。

第二阶段从1997年开始。俄国将发射一个与和平号核心舱类似的大型舱体，作为联合空间站的基础，然后发射载人飞船，与核心舱共同构成一个过渡性的空间站。

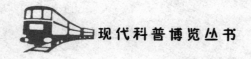
第三阶段从1998年开始到2004年结束。这期间要将美国的居住舱、欧洲空间局和日本的实验舱及加拿大的遥控机械臂送上轨道,最终完成空间站组装。

这种永久性空间站,除进行对地观测、天文观测、微重力材料加工和生命科学研究外,还将为未来建立月球基地和载人火星飞行架起空间桥梁。

在空间站做试验

1996年的时候,在和平号空间站上,研究人员拥有自己单独的试验室,可以独立做试验。而且如果一项试验做腻了,还可以换另一项。当时,试验的目的只有一个:观察太空环境下的试验及结果,与地面环境下的试验及结果有何不同。

第一项试验是观察鹌鹑蛋在太空状态下的孵化情况。研究人员把30只鹌鹑蛋放入一个孵化器,16天后,每天拿出一只鹌鹑蛋,将其放入特殊的溶液中,以阻止其继续孵化。这些被固定在不同孵化阶段的鹌鹑蛋,随后搭乘货舱返回地面,接受进一步研究。根据地面研究人员的试验,鹌鹑蛋不能正常孵化的比率为13%,足足是地面的4倍多。研究人员认为,和平号上的辐射相当于一个人每天接受8次X光照射,虽然不会伤害宇航员的健康,但对鹌鹑蛋有影响。

试验时间最长的是在温室内种小麦,观察小麦的生长和成熟情况。由于小麦可以为长期太空飞行提供氧气和食物,因此试验的意义非常重大。而之所以选择小麦,更因为它的生长周期较短,便于观察。研究人员把小麦种在特殊的土壤中,湿度、温度和光照都由电脑系统控制。按照计划,研究人员定期给小麦拍照,在不同阶段"收割"部分小麦的禾苗,并把这些禾苗存放在抑制生长的固定剂中。大约40天后,终于出现了麦穗,不久就收获了成熟的小麦。后来小麦被送回地面,科学家研究了这些小麦,却意外发现麦穗中一颗麦粒都没有。他们猜测,空间站的空气可能污染了小麦,造成小麦未能结出麦粒。不过,在和平号空间站上试种油菜籽的试验,倒是获得了丰收。

精神疲惫造成和平号事故重重

据统计,到完成太空使命前,和平号空间站上共发生过近2000处故障,而这些故障,有很多都是发生在1997年。美国一位太空工程师说,1997年和平号发生的一系列事故,很多都是因宇航员"精神疲惫"引起的。

1997年2月24日,和平号空间站上的航天员正在紧张地工作,突然,从量子-1号舱方向传来一声爆炸声,他们慌忙停下了自己的工作,奔出察看。只见舱内浓烟弥漫,氧发生器正在着火,他们竭力扑灭了火焰,但是烟雾仍然扩散到了整个空间站。由于和平号空间站上的保护措施完备,航天员处理及时,使这次火灾危险降到最小。但是,事后探查事故原因时,发现仅仅是因为一个宇航员错关电闸,而导致了生氧装置起火,这一"失误"几乎导致站上宇航员集体弃船逃生。

同年6月25日,俄"进步"型货运飞船与和平号在执行人工对接程序时,因为操作失误,刺破了一个实验舱,并导致空间站外壳损伤,造成和平号内舱起火,气压降低。两名俄罗斯宇航员和一名美国宇航员走出内舱,以太空漫步的方式修复了创伤。两天后,同样因为操作失误,空间站上一台计算机被毁。

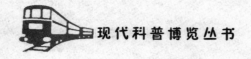

1997年7月,俄罗斯宇航员拉祖特金在身心疲惫的情况下操作失误,把一根电线过早拔掉,使得主控计算机失灵,空间站失去能量,漂浮在太空。

1997年10月,美国宇航员对和平号空间站进行环绕观察飞行时,发现隔热保护层上有两个泄漏点,还好并不影响和平号的安全。

这些事故的发生,使得宇航局不得不面对宇航员的"精神疲惫"状况,开始对宇航员的心理健康予以关注。

险些失控的神舟一号飞船

1999年11月20日,我国第一艘不载人的试验飞船——神舟一号,在酒泉卫星发射中心,用新型长征运载火箭准备发射升空。

6时30分,火箭升空。飞行约10分钟后,飞船与运载火箭成功分离,准确进入预定轨道。在绕地球正常飞行了20个小时后,北京指挥中心下达"调姿开始"的调度口令。当指令传到船上统一测控系统机房时,显示屏上一串串数字符号不断跳动,有关飞船调整姿态、轨道舱分离和返回制动的一系列遥控指令,已经顺利地送上了飞船。

但到了飞船即将返回的最后三圈时,按照计划应该对飞船注入返回指令,此时却无论如何也得不到飞船的回应。对飞船注入指令,只能利用飞船绕地每一圈的飞行中,飞到中国头上的那段短暂的时间。如这时地面指挥中心的指令注入不上去,那么飞船将会偏离预定的着陆点。飞船绕过的最后一圈,控制系统建立了一个稳定联系所应具备的注入条件,大概也就是在两分钟之内,把所有数据送上了飞船。

21日凌晨3时，神舟一号顺利完成了返回地面的准备工作，并已进入返回轨道。飞船划过太空，进入距地面只有80千米的大气层，以每秒约7.5千米的惊人速度与大气层剧烈摩擦。下降至40多千米高度时，船体外部产生等离子壳，形成电磁屏蔽，致使地面与飞船通信暂时中断。

进入大气层后，神舟一号按预定指令，依次打开引导伞、减速伞和主伞，徐徐下落。当飞船距地面还有30千米时，操作员果断地发出了打开电源开头的指令。随后，主伞自动抛落，着陆缓冲发动机在距地面仅1.5米高的一刹那点火，进一步减速，使飞船平稳安全落地，飞行取得圆满成功。

和平号空间站坠落

2000年12月25日，在莫斯科宇航中心，地面控制人员准备对和平号空间站进行常规跟踪。然而，屏幕上并没有和平号空间站的信号，地面控制中心与和平号空间站的联系突然中断!和平号成了一只断了线的风筝。

失去控制的空间站很可能随时坠落，给地面上的人们造成巨大危害。专家们在万分紧张的氛围中等待了24小时，和平号仍然毫无音讯，地面控制中心的工作人员几乎全都绝望了。就在这时，监视屏上突然又出现了和平号空间站的微弱信号，尽管信号只持续了七分钟，但这就足以挽救整个局面了。宇航中心负责人立刻举行记者招待会，说，现在和平号空间站平安无事了，它不会在明天或者新年砸在咱们大家的头顶上了!

但是实际情况却不是那么乐观。专家们透露说，和平号空间站上的能源供应系统可能发生了故障，如果真是这样，那么麻烦

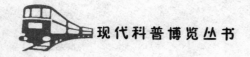

可就大了,因为这意味着所有的能源最终将消耗殆尽,整个空间站将像一个失去控制的陀螺一样,在地球轨道上旋转起来,完全失去控制。

正是因为担心出现这种最坏的结局,莫斯科宇航中心立即派出一个宇航小组,他们的任务就是乘飞船飞往和平号空间站,设法确保和平号坠毁的时候不会坠到地球的陆地上。

12月30日,俄罗斯政府不得不最后痛下决心,决定发出坠毁和平号的命令。第二年的2月4日,宇航局领导人向全国发出公开信,说明必须在还能控制和平号的情况下销毁它,以免给世界安全带来威胁。3月23日,和平号完成了在太空中的所有使命,成功实现了坠毁。从此,空间站的和平号时代结束了。

首位太空游客

2001年4月,61岁的美国富翁蒂托和另外两名俄罗斯宇航员一起,飞往距地球400多千米的国际空间站。蒂托由此成为人类有史以来的首名太空游客。但是,蒂托的这次太空旅行并不轻松。正当他们为28日的升空做最后准备的时候,国际空间站里的3台站载计算机均不能正常工作!就在之前的一个月,奋进号航天飞机刚刚为国际空间站送去一只巨型机械手,宇航员们正在将它安装到国际空间站上。但是负责飞行控制的一台计算机突然发生故障,之后又有两台计算机出现了故障。

终于,故障在28日之前解决了。火箭升空时,蒂托穿着臃肿、厚重的宇航服,和另外两名宇航员一样,被牢牢锁定在座位上动弹不得。升空之初,因火箭上升速度极快,他的体能面临严重挑战。在升空过程中,他就感受到身体好像被撕得四分五裂了,并伴随着周期性的恶心、头痛等不适反应。航天中心的专家曾经提醒说,在整个太空旅行过程中,蒂托的骨头将持续释放钙质,其肌肉也可能会发生萎缩现象。

但是这些困难,相比起太空中的美妙景色来说,就显得微不足道了。在空间站上,蒂托每天环绕地球16次。尽管蒂托并未获准步出空间站、进行真正意义的太空行走,但他还是可以通过太空窗俯瞰地球。这个悬坠在深邃太空中的蓝色星球,是那么迷人。在天幕映衬下,星星也将格外闪烁,灿烂生辉。总之,呈现在他眼前的是令人荡气回肠、美不胜收的壮观太空景象。而且根据事先达成的协议,蒂托可自由拍照。

针对太空旅游,日本火箭协会会长曾经大胆预测:"在21世纪,太空旅游最终将会成为每一个普通人都能够享受的娱乐。"

神 舟 三 号 延 期 发 射

2001年10月,在神舟三号发射准备现场,在飞船进场的第4天,科技人员对飞船上安装的一种插座触点进行检查,发现有一个点不通。更换了新插座后,故障消失了。敏感的检验人员把飞船上此类插座的至少1000个接触点全部测试了一遍,结果又发现有一个点不通。这就说明,这批插座可能存在问题。为了安全起见,检验人员提议将飞船上已装好的几十个插头全部换掉。而要将船上已装好的插件拆下来,更是一个冒险的过程。于是有关领导专门到生产这一插件的厂家调查了解它的设计及加工过程,发现其先天的设计中的确存在缺陷,但更换势必牵涉到撤场,事关重大,必须向中央汇报。

2001年11月1日,中央领导在报告上批示:进度服从质量,推

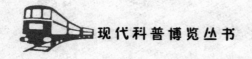
迟发射!最终已运到发射场的飞船和全体发射人员默默地撤离。四个月后,2002年3月25日,全体发射人员再次返回发射场,进行推迟后的发射工作。

北京时间3月25日22时15分3秒,神舟三号飞船从酒泉卫星发射中心升空,飞行589秒后,布阵在北半球太平洋海域的远望一号测量船首先捕获目标,它从陆地测控站接过了继续测控飞船的任务。这时,飞船进入箭船分离阶段,正在进入轨道,远望一号测到的所有数据显示一切运行正常。

22时45分40秒,远望二号测量船与神舟飞船之间成功建立了一道无形的电子桥,飞船的飞行速度、高度,以及各种工作参数,一刻不停地告知远望二号船,并显示在荧光屏上,传送到北京指挥所和祖国各地的测控台站。

神舟三号在太空留轨运行180多天,成功进行了一系列空间科学试验。

低温下发射神舟四号

气温如果低于-20℃,就会对火箭产生很大的影响:因为气温过低,很容易导致密封件由于变脆而失效,造成加注后燃料泄漏;气温过低,还会使推进剂结冰,堵塞发动机的管路,造成点火失败,等等。

2002年冬,酒泉卫星发射中心下了一场罕见的大雪,寒风刺骨,气温竟降到-27℃。历史上罕见的低温天气,对准备发射的长征火箭和神舟四号飞船造成了极大的威胁。大家一致认同-20℃为最低发射条件的临界点。

根据气象部门给出的12月28日、29日、30日3天的气象条件,指挥部一开始将29日定为发射日期,但气象专家认为在30日气温会有一个短暂的回升。指挥部最后决定推迟一天发射。29日凌晨,气温果真如气象部门预报的低于-21℃,直到晚上气温还在持续下降,并没有出现先前预报的气温回升的迹象。这天从早晨到晚上,为了慎重地发射,一切让火箭保持"体温"的办法都被用上了。给固体发动机贴泡沫塑料,用小棉被包上输送管路,认真进行气密检查等,甚至为了解低温情况下火箭推进剂的具体状态,在火箭身体之外,模拟推进剂的受冻状况……

30日,天气开始好转,温度回升到了-19℃,而且就在距发射时间还有最后30分钟时,戈壁滩上突然刮起了一阵东南风,气温一下子又令人兴奋地升到-18℃,而且一直保持不变。这个温度对发射来说,还是非常理想的。

2002年12月30日零时40分,神舟四号终于升空了,围绕地球旅行了108圈。2003年1月5日晚上7时,飞船在内蒙古中部预定区域着陆,顺利回收。

神舟五号太空游

2003年10月15日9时,伴随着惊天的轰鸣,神舟五号载人飞船,搭载着中国第一位太空人杨利伟,直上苍穹。

飞船顺利升空,并按照预定的计划到达了既定的轨道。9时31分,北京地面控制中心的大屏幕上出现了清晰的图像,杨利伟的声音在大厅中响起。在与医生通话时,他显得相当沉稳:"我感觉良好!"10时,神舟五号飞船正在进行环绕地球的第一圈飞行。11时过后,杨利伟开始在太空中进餐。他一边看书,一边用捏挤包装袋的方式享用这顿不同寻常的午餐。12时过后,杨利伟开始

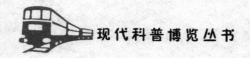

他在外太空的第一次休息。19时58分,杨利伟与家人通电话。他对妻子说:"在太空感觉很好,太空的景色非常美"。他对儿子说:"好儿子,我看到咱们美丽的家了"!神舟五号在太空中的一切工作都进展顺利。

但是在飞船返回地面前,却出现了故障。当飞船飞行到第14圈时,按照计划,地面控制中心向飞船发出了返回控制的指令。但是,总调度的声音在指控大厅里回响,却始终是"注入失败"、"再次注入"、"失败"……此时,如果不能在40分钟内把指令重新注入,飞船将可能失去控制,无法返回地面。航天测控专家和指挥技术人员一时处于非常紧张的状态。时间一分一秒地过去。从进行故障原因分析、测控覆盖分析到完成数据注入仿真试验,乃至提出故障处理方案,地面控制中心在短短的30分钟里将其迅速完成。"注入开始!"随着地面控制中心的口令,指控大厅大屏幕上的数据随即显示,飞船执行了返回指令,正在向地球返航。成功了!

继俄罗斯和美国之后,中国成了世界上第三个将人类送入太空的国家。

神舟六号变轨飞行

2005年10月12日上午9时,神舟六号飞船发射升空后,进入的是距地球表面近地点高度约为200千米、远地点高度约为350千米的椭圆轨道。实施变轨控制,就是要将飞船推入距地球表面约343千米的圆轨道。把椭圆轨道变成圆轨道,主要是为准确返回奠定基础。另外,进行轨道圆化的试验也是为下一步空间对接做准备。

10月12日15时30分,北京航天飞行控制中心向航天员费俊龙了解了飞船工况和身体状况,随后,由地面控制人员与航天员进行了通话:"神舟六号,请按照手册上的操作步骤进行操作,每一步操作到位;注意,航天服气密性检查前一定要系好座椅束缚带,带好手套,关闭面窗。完毕。""神舟六号明白。"两名航天员按照提示完成预定动作,等待飞船变轨时刻的到来。

15时54分,北京航天飞行控制中心启动飞船变轨工作程序。随着"变轨开始!"一声令下,一组组数据从北京航天飞行控制中心中央机房发出,通过远程控制站传向太空。在指挥大厅的大屏幕上,飞船尾部喷出橘黄色的火焰,飞行加速,从原来的椭圆形轨道的切线上冲出。与此同时,屏幕上飞船闪烁的亮点迅速沿着地球的圆形表面,划出一个巨大的同心圆。163秒后,飞船又进入了平稳的飞行状态。航天员向地面报告:"仪表显示飞船变轨结束,完毕。"随后,正在南太平洋上的远望二号测量船向北京航天飞控中心传来数据,表明变轨取得圆满成功。

变轨成功后,17时29分,航天员费俊龙打开神舟六号返回舱与轨道舱之间的舱门,进入轨道舱开始进行空间科学试验。

首次太空漫步的中国人

2008年9月25日21时10分04秒,我国自行研制的神舟七号载人飞船在酒泉卫星发射中心发射升空。按照预定计划,飞船在太空预定轨道绕地球飞行45圈后,于28日傍晚返回。

据介绍,在68个多小时的太空飞行中,航天员飞行乘组翟志刚、刘伯明、景海鹏始终与地面保持密切联系。北京航天飞行控制中心通过航天员生理遥测参数,随时了解他们的身体状况。飞

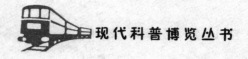

行期间,翟志刚、刘伯明、景海鹏在地面组织指挥和测控系统的协同配合下,顺利完成了空间出舱活动和一系列空间科学试验。按照预定计划,神舟七号载人飞船成功释放了伴飞卫星,进行了绕飞试验。

9月27日16时41分00秒,翟志刚打开神舟七号载人飞船轨道舱舱门,首度实施空间出舱活动,茫茫太空第一次留下中国人的足迹。

出舱后的翟志刚挥动鲜艳的五星红旗。随后,他取下飞船轨道舱外事先安装好的固体润滑材料试验样品,交给留在轨道舱里的刘伯明。接着,翟志刚在浩瀚的太空里缓缓行走。

17时00分35秒,翟志刚返回轨道舱,关闭轨道舱舱门。在地面控制中心对舱门关闭及复压等情况进行确认后,两名航天员脱下舱外航天服,打开返回舱舱门,进入返回舱。我国首次实施的空间出舱活动取得了圆满成功。

28日16时20分许,温家宝等领导人来到北京航天飞行控制中心指挥大厅,和载人航天工程指挥、技术人员一起等待航天员的归航。神舟七号载人飞船在轨运行期间,北京航天飞行控制中心与远望号航天远洋测量船、各地面测控站密切配合,在有关科研单位的大力协同下,对飞船进行了持续跟踪、测量与控制,确保了飞船正常运行。

16时47分,当神舟七号载人飞船在太空中运行第45圈,飞临南大西洋海域上空时,在那里待命的远望三号航天远洋测量船向其发出返回指令。

16时49分,飞船建立返回姿态,返回舱与轨道舱分离。随后,飞船制动发动机点火。电子显示屏上的图像清晰地显示,神舟七号载人飞船飞行高度不断降低,正从太空飞向祖国的怀抱。

在飞船返回舱穿越稠密的大气层后,返回舱在内蒙古中部草原成功着陆。担负飞船回收任务的西安卫星测控中心所属着陆场回收站及时发现目标,在陆军航空兵部队配合下,迅速抵达返回舱着陆地点,协助航天员安全出舱。

18时28分,载人航天工程总指挥常万全宣布:神舟七号载人航天飞行任务圆满成功。

当中国航天员翟志刚完成出舱活动后顺利返回神舟七号飞船轨道舱,中国载人航天工程取得了又一具有里程碑意义的重大技术突破。中国也随之成为世界上第三个掌握空间出舱活动技术的国家。

神舟八号与天宫一号对接

2011年11月1日清晨5时58分10秒,我国长征二号F遥八运载火箭在酒泉卫星发射中心载人航天发射场点火发射,火箭飞行583秒后,将神舟八号飞船成功送入近地点200公里、远地点330公里的预定轨道。

我国载人航天工程总指挥常万全随后在酒泉卫星发射中心宣布,神舟八号飞船发射圆满成功。

此次神舟八号飞船发射,是我国长征系列运载火箭第149次航天飞行。

神舟八号与天宫一号对接,组装成空间站雏形空间交会主要有四大步骤。地面引导--即两个航天器都上天入轨后,通过地面测控站的引导,逐渐缩短相互之间距离。

自动寻的——在相距100公里时,神舟八号开始捕捉天宫一号,这是一个自动追踪、捕捉的过程,让神八通过几次变轨,缩短与天宫的距离。

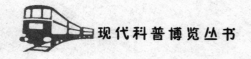

最终距离——当二者相距100米到1米时，不仅要控制好相互间的距离、速度和姿态，还必须保持在每秒1米的相对速度内，以准备对接。

对接合拢——这时两个庞大的飞行器，在太空相距仅几十厘米，相对速度约每秒0.1米，横向相对误差不超过18厘米，才能严丝合缝地连为一体。整个对接过程必须保证接合平稳，不能剧烈摇晃从而影响在轨飞行器的姿态。对接时两个飞行器在空中都是超高速飞行状态，虽然对接时相对速度不大，但要在充斥着高密度等离子体、游离氧及紫外线等的复杂空间环境中，实现两个活动体间的精确对接，难度依然很高。

2011年11月3日凌晨进行第一次交会对接后，天宫一号与神舟八号组合飞行12天之后，第二次交会对接在11月14日进行。第二次交会对接飞行2天之后，16日，"神八"将第二次撤离天宫一号，17日返回地面。

"神八"的成功发射并与天宫一号实现对接，标志着中国已经初步掌握空间交会对接能力，拥有建设简易空间实验室，即短期无人照料的空间站的能力。